태양빛을 먹고 사는 지구에서
살아남으려고
눈을 진화시켰습니다

다양한 지구 생물의 신기한 눈 이야기

태양빛을 먹고 사는 지구에서 살아남으려고 눈을 진화시켰습니다

이리쿠라 다카시 지음
장하나 옮김

플루토

저는 대학 전기공학과에서 인간이 빛을 보거나 감지하는 방법에 관한 '시각심리학'을 연구하고 있습니다. 제가 이 책에서 주로 이야기하는 내용은 동물의 시각과 눈의 구조입니다. 다양한 동물의 눈의 구조, 사물을 보는 방법, 빛을 이용하는 방법이 제 연구에 중요한 참고가 되기 때문에 인간의 눈과 함께 동물의 눈도 연구하고 있습니다.

저는 대학을 졸업한 후 도쿄 미타카의 국립연구소에서 항공등화를 연구했습니다. 항공등화는 공항 활주로에 설치된 등화입니다. 비행기가 뜨고 내리는 활주로를 따라 길게 켜진 불빛을 보신 적 있을 겁니다.

깜깜한 밤이나 안개 자욱한 날에도 비행기 조종사가 헤매지 않고 제대로 착륙하고 이륙할 수 있는 이유는 등화가 길을 비춰주기 때문입니다. 많은 이의 생명을 책임지는 조종사에게는 하늘에서도 잘 보이는 항공등화가 무엇보다 중요합니다. 그래서 저 같은 연구자는 등화의 밝기가 적당한지, 하늘에서 볼 때 눈이 부시지 않은지를 조사하여 활용하지요.

항공등화와 인연을 맺은 후에는 대학으로 옮겨서 심리학, 광학, 공학을 결합한 시각심리학을 연구했습니다.

시각심리학을 연구하다 보면 신기한 일을 수없이 마주합니다. 예를 들어 방바닥이나 책상 위가 아니라 벽에 빛을 비추면 우리는 방이 평소보다 넓어졌다고 느낍니다. 이처럼 빛이 심리에 미치는 효과를 탐구하면서 빛과 색의 특성, 눈의 구조를 조사했습니다. 그러다 보니 인간뿐만 아니라 동물의 눈 구조와 특성도 연구하게 된 것이지요.

우리는 눈으로 보면서 많은 정보를 알아냅니다. 노랗게 익은 바나나를 보면 '달콤하고 맛있겠다'라고 생각하며 군침을 흘립니다. 녹색이면 '아직 덜 익었어'라고 판단하고 맛있어질 때까지 기다릴 것입니다. 만약 갈색으로 변했다면 어떨까요? '상해서 못 먹겠네' 생각하고 안 먹을지도 모릅니다.

바나나의 색을 알 수 있는 인간의 시각은 당연한 기능 같지만, 사실 그렇지 않습니다. 눈이 고도로 발달해야 색을 볼 수 있으니까요. 특히 인간만큼 색채감각이 다양한 포유류는 흔치 않습니다. 우리와 친숙한 반려동물인 개와 고양이는 색깔을 식별하는 시각세포의 종류가 적어서 붉은색을 구별하기 힘듭니다. 혈액이 '빨간색'이라고 인식할 수 있는 동물은 포유류 중에서도 영장류뿐이라고 합니다.

한편 어떤 동물은 인간이 볼 수 없는 빛과 색을 봅니다. 꽃의 꿀을 빠는 배추흰나비는 자외선을 감지할 수 있습니다. 어느 꽃잎이 자외선을 반사하는지를 인간보다 또렷하게 봅니다. 이렇듯 많은 동물이 우리와 다르게 세상을 보며 살고 있지요.

또한 빛은 우리 몸에 큰 영향을 미칩니다. 온종일 어두운 곳에서 지낸 인간은 밝은 곳에 있었을 때보다 밤에 더 춥다고 느낍니다. 빨간색이나 노란색 계통을 '더운색', 파란색 계통을 '찬색'이라고 하는데, 한 연구 결과에 따르면 실제로 빛의 색이나 강도가 체감온도를 바꿉니다.

지구의 모든 생물은 태양에너지로 살아갑니다. 빛을 싫어하거나 빛이 필요없는 생물도 있지만, 이 생물도 결국은 태양에서 온 에너지로 생존하는 다른 생물들 덕분에 살아갑니다. 지구의 많은 동물들은 자신이 처한 상황에서 태양빛을 효과적으로 이용하기 위해 다양하게 눈을 진화시켰습니다.

저는 이 책에서 신비하고 놀라운 빛과 눈에 관해 이야기합니다. 이 책을 읽으면 평소 무심하게 지나치는 세상을 새로운 각도로 볼 수 있을 것입니다. 전체 내용은 다음과 같습니다.

1장 '생존을 위해 눈을 진화시키다'에서는 단순히 빛만 느낄 수 있었던 기관이 어떻게 복잡한 눈으로 진화했는지를 이야기합니다.

2장 '잡아먹으려고 하든, 잡아먹히지 않으려고 하든'에서는 동물이 포식자인지 피식자인지, 그리고 얼마나 빨리 움직이는지 등에 따라 눈의 구조와 기능이 어떻게 달라졌는지를 설명합니다. 3장 '태양빛 넘치는 지구에서 살아남기'에서는 햇빛을 잘 이용하며 살아가는 동물들을 소개합니다. 4장 '인간은 어디까지 볼 수 있을까'에서는 아기가 성장하면서 눈의 기능이 어떻게 발달하는지, 동물은 어느 정도까지 색을 식별할 수 있는지 등을 알아봅니다. 5장 '느끼는 빛'에서는 인간을 포함한 생물이 색을 보고 감지하는 방식, 빛이 시각 이외의 기관에 미치는 영향을 살펴봅니다.

　이 책에 흥미로운 이야기를 알차게 모았습니다. 이제 신비한 눈의 세계를 탐험해볼까요?

차례

1장

생존을 위해 눈을 진화시키다

지구 상에 출현한 생물은 언제부터 '눈'을 갖추었을까?
동물의 눈은 원래 밝기만 감지할 수 있었지만 형태와 색깔을
구분할 만큼 정교한 '겹눈'과 '카메라눈'으로 진화했다.
다양하게 진화한 눈들을 살펴보자.

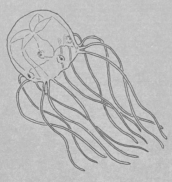

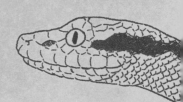

'눈'의 탄생과 진화

빛을 느끼는 시각세포

우리가 사는 지구는 약 46억 년 전에 탄생했다. 초기에는 지표면이 무척 뜨거웠지만 시간이 흐르며 온도가 내려갔다. 그러자 대기 중에 떠다니던 수증기가 비가 되어 쏟아져 바다가 생겨났다. 약 40억 년 전에는 태곳적 바다에서 최초의 생명체가 탄생했다. 바로 하나의 세포로 이루어진 단세포생물이다.

당시에는 오존층이 없었기 때문에 생물에 유해한 자외선이 지상에 그대로 내리쬐었다. 따라서 생물이 살기에는 환경이 좋지 않았다. 건조한 환경에 취약한 단세포생물은 오랜 세월 동안 바닷속에 살면서 식물과 동물의 조상인 다세포생물로 진화했다. 단세포생물이 다세포생물이 되기까지는 무려 30억 년 이상이 걸렸다.

가장 오래된 다세포생물 화석은 5억 8,000년 전 에디아카라기의 것으로 추정된다. 이 동물은 스펀지 재료인 해면처럼 골격이 없고 부드러웠다. 작은 흔적만 겨우 남아 있기 때문에 사세한 몸 구소를 알 수는 없지만 평소 거의 움직이지 않은 듯하다. 당시까지만 해도 생물에게는 눈이 없었다.

그럼 '눈'이 있는 생물은 언제 처음 등장했을까?

단세포생물에서 다세포생물로 진화하는 과정에서 빛의 강도를 느끼는 '안점'을 지닌 생명체가 나타났다. 안점은 조류 등 원생생물의 세포에 있는 작은 점이다. 빛의 어두움과 밝음인 강약만 느낄 수 있는 가장 원시적인 시각기관이다.

다세포생물로 진화한 생물 중 일부는 안점보다 정교한 '시각세포'를 갖추기 시작했다. 시각세포는 빛을 느끼는 세포다. 지렁이나 곤충 등은 피부에 있는 여러 시각세포로 빛의 강약을 감지한다. 빛의 강약을 알면 적을 피해 어두컴컴한 곳으로 이동하여 숨을 수 있고, 먹이가 풍부한 곳으로 갈 수도 있다. 시각세포가 있으면 빛의 강약에 대한 정보를 보다 정확하게 얻고 유리하게 살 수 있었다.

빛으로 사물을 보는 이유

오늘날 수많은 동물의 눈은 빛의 강약뿐만 아니라 형태도 구분한다. 그럼 빛의 강약 정도만 감지하던 눈이 어떻게 형태도 구분할 정도로 발전했을까?

빛은 공기 중이나 물속에서 똑바로 나아간다. 반면 공기 중에서 물속처럼 굴절률이 서로 다른 환경을 통과할 때는 경계에서 진행 방향을 바꾸며 굴절한다. 눈의 구조는 빛의 '직진'과 '굴절'이라는 성질과 밀접하다.

안점과 시각세포는 빛이 '어느 정도 있는지', 즉 어느 정도 어둡거나 밝은지만 감지할 수 있었다. 그러나 이윽고 시각세포가 여러 개로 나뉘고, 시각세포가 있는 피부 표면이 오목해지면서 '빛이 어디서 들어오는지'도 지각할 수 있었다. 시각세포 사이에 경계가 생기거나 피부 표면이 오목하게 파이면, 직진하는 성질이 있는 빛이 어느 방향에서 오는지 알 수 있기 때문이다. 시각세포 사이에 경계가 생긴 부분은 곤충 등의 '겹눈'(20쪽 참고)으로 진화했고, 피부 표면이 오목해진

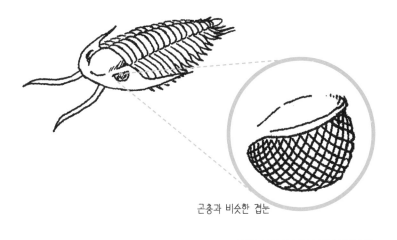

곤충과 비슷한 겹눈

최초의 눈을 지닌 삼엽충

부분은 달팽이나 앵무소개 등의 '배상안'(25쪽 참고)이나 '바늘구멍눈'으로 진화했다.

현재까지 알려진 생명체 중 눈이 가장 오래된 동물은 캄브리아기(5억 4,100만~4억 8,500만 년 전) 바다에 서식한 절지동물 삼엽충이다. 화석을 살펴보면 대다수 삼엽충 종의 눈이 현재의 곤충과 비슷한 겹눈이다.

'바늘구멍눈'은 인간이나 새 등의 '카메라눈'(28쪽 참고)으로 진화했다. 피부 위에 시각세포가 배열된 조직을 '망막'이라고 한다. 카메라눈은 망막 위에 렌즈가 있어서 빛을 굴절시키고 망막 위에 상을 맺게 한다.

사물의 형태를 인식하면 부딪칠 위험이 있는 장애물이나 가까이 있는 적을 피해 도망칠 수 있다. 이처럼 눈은 빛의 직진과 굴절을 이용하여 사물의 형태를 또렷이 분간하는 기관으로 발달했다.

살아남기 위해 진화한 눈

이윽고 바다의 얕은 서식지인 대륙붕에 포식자가 출현하면서 치열한 약육강식의 세계가 펼쳐졌다. 움직이는 먹이를 잡으려면 정교한 눈이 필요히디. 잡이먹히는 피식자도 적을 발견하는 즉시 도망치기 위해서는 눈을 갖추어야 했다.

포식자도 피식자도 생존을 위해 경쟁하듯 눈을 진화시켰다. 빛의 강약을 느끼는 수준의 안점에서 사물의 형태를 구분하는 정교한 눈으로 진화하기까지 50여만 년밖에 걸리지 않았다. 40여억 년에 이르는 생명의 역사를 생각하면 무척 짧은 기간 동안 진화한 셈이다. 이러한 급격한 발달이 다양한 동물이 갑자기 출현하고 진화한 '캄브리아기 대폭발'의 기폭제가 되었다고 할 수 있다.

약육강식의 시대인 캄브리아기에 탄생한 눈은 크게 두 계통으로 나뉜다. 하나는 곤충이나 갑각류 등 절지동물의 '겹눈과 홑눈'이다. 다른 하나는 어류, 조류, 포유류 등 척추동물의 '카메라눈'이다. 이제 두 눈의 특징을 살펴보자.

겹눈과 홑눈으로 보는 세계

사방을 한꺼번에 볼 수 있는 겹눈

먼저 곤충의 눈을 대표하는 '겹눈'을 살펴보자. 수많은 낱눈이 벌집처럼 모여 하나의 눈을 이룬 것이다.

파리는 약 4,000개, 잠자리는 약 2만 개의 낱눈이 있다. 잠자리의 겹눈을 확대해보면 공처럼 생긴 표면에 낱눈이 빽빽하게 배열되어 있다. 각 낱눈에는 투명한 볼록렌즈 같은 각막이 있고, 그 밑에 7~8개의 시각세포가 늘어서 있다. 공처럼 밀집한 낱눈들은 조금씩 다른 방향에서 오는 빛을 각막으로 포착한다. 이처럼 하나의 낱눈이 하나의 화소를 만들고 뇌가 정보를 통합하여 하나의 상을 형성하는 구조를 연립상눈이라고 한다.

공처럼 튀어나온 겹눈의 특징은 시야가 넓다는 것이다. 특히 잠자리와 게의 돌출된 눈은 360도 대부분을 볼 수 있다. 잠자리나 게를 잡으려고 뒤에서 숨죽이며 접근해봤자 소용없는 것도 이 때문이다.

이들은 등 뒤까지 훤히 내다본다.

그러나 겹눈에는 큰 단점이 있다. 시야가 넓은 대신 해상도가 낮다는 것이다. 곤충의 시력은 인간의 수십 분의 1도 되지 않는다. 그래서 시력을 조금이라도 높이기 위해 곤충의 눈은 몸에 비해 이상할 정도로 커졌다. 잠자리의 눈이 머리의 절반 이상을 차지하는 것이 좋은 예다. 눈을 크게 만들고 낱눈의 수를 늘려 해상도를 높인 결과다.

겹눈은 주위 경치를 흐릿하게 보지만, 움직이는 물체를 인간보다 훨씬 잘 포착한다. 인간의 눈이 1초 동안 약 40회 깜박이는 빛을 감지하는 데 반해 파리는 1초 동안 140회 이상 빛을 감지한다. 이처럼 동체 시력이 뛰어난 파리가 보기에는 파리채를 든 사람이 슬로모션으로 움직인다.

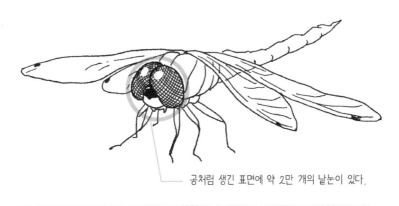

공처럼 생긴 표면에 약 2만 개의 낱눈이 있다.

잠자리의 겹눈

명암을 뚜렷하게 구분하는 홑눈

곤충의 머리에는 겹눈 외에도 '홑눈'이라는 3개의 눈이 삼각형으로 늘어서 있다. 홑눈은 겹눈을 구성하는 낱눈과 비슷하지만 초점을 맞추지 못하기 때문에 상을 맺을 수 없다. 그렇지만 형체를 파악할 수 없는 대신 명암 변화에 민감하다. 겹눈보다 시각세포가 많아서 정보를 더 쉽게 얻기 때문이다.

곤충은 하루의 활동을 시작하는 시간과 마치는 시간을 홑눈이 인식한 빛의 명암으로 안다. 실제로 낮에 활동하는 곤충의 눈을 가리면 날이 밝았다는 사실을 뒤늦게 깨닫는다. 그래서 활동을 시작하는 시간이 늦어지고, 마치는 시간은 평소보다 빨라진다.

홑눈의 역할은 이뿐만이 아니다. 홑눈은 신경섬유가 굵어서 정보를 빠르게 전달한다. 곤충은 삼각형으로 늘어선 3개의 눈으로 인

| 수평 | 아래쪽 | 위쪽 | 오른쪽으로 기울어짐. | 왼쪽으로 기울어짐. |

곤충은 '밝은 하늘과 어두운 땅을 자유자재로 비행할 수 있는지'를 홑눈으로 확인하며 비행 중 흐트러진 자세를 바로잡는다.

3개의 홑눈으로 파악하는 명암

식한 명암을 조합하여 지평선의 위치를 파악한다. 그래서 비행하는 도중 자세가 흐트러지면 재빨리 바로잡을 수 있다. 이 말인즉 홑눈으로 명암 변화를 느끼고, 밝은 하늘과 어두운 땅 사이를 자유자재로 비행할 수 있는지 항상 확인한다는 뜻이다. 곤충은 홑눈 덕분에 비행 능력이 뛰어나다.

홑눈이 8개인 거미

주위에서 흔히 볼 수 있는 거미는 홑눈만 있다. 거미의 몸은 머리가슴과 배 두 부위로 이루어진다. 머리가슴에는 8개의 다리와 8개의 홑눈이 있다. 파리잡이거미를 통해 홑눈의 특징을 알아보자.

파리잡이거미는 일반적인 거미처럼 그물을 치지 않고 땅 위를 돌아다니며 파리 등의 작은 벌레를 잡아먹는다. 이 거미가 지닌 8개의 눈은 3줄로 늘어서 있다. 첫 번째 줄에 거대한 앞가운데눈 2개와 앞옆눈 2개가 있다. 두 번째 줄에는 뒤가운데눈 2개, 세 번째 줄에는 뒤옆눈 2개가 있다. 옆눈은 시야가 무척 넓어서 4개의 옆눈으로 사방 대부분을 한꺼번에 볼 수 있다.

또한 움직이는 물체에 민감해서 작은 곤충 등의 움직임을 순식간에 알아차린다. 곤충의 겹눈은 빠른 움직임을 탁월하게 감지하는데, 파리잡이거미는 옆눈으로 파리 등의 먹잇감이나 동료 거미의 '느

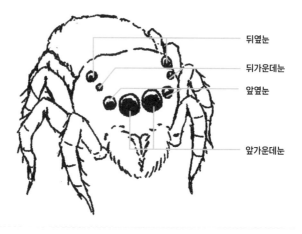

뒤옆눈

뒤가운데눈

앞옆눈

앞가운데눈

파리잡이거미의 홑눈

린 움직임'도 감지한다고 한다.

　이런 특성으로 미루어 보면 파리잡이거미의 옆눈은 인간의 주
변 시야(60쪽 참고)에 가까운 역할을 하는 듯하다. 한편 인간의 중심
시야(60쪽 참고)에 해당하는 앞가운데눈은 주로 형태나 색깔을 식별한
다. 인간의 중심 시야와 거미의 앞가운데눈은 시야가 매우 좁다. 그
래서 인간은 안구를 자주 움직여 좁은 시야를 보완하고, 파리잡이거
미는 안구가 아닌 망막을 좌우로 움직여 50도 안팎의 범위로 시야를
넓힌다.

복잡한 카메라눈

또렷한 상을 맺는 눈

인간의 눈인 '카메라눈'은 겹눈이나 홑눈과 어떻게 다를까. 공처럼 튀어나온 겹눈과 달리, 오목한 부분을 확대하면서 진화한 카메라눈은 사물의 형태를 또렷이 파악할 수 있다.

생물학 발전에 크게 이바지한 《종의 기원》의 지은이 찰스 다윈은 동물의 진화를 연구하면서 척추동물의 카메라눈 때문에 골머리를 앓았다고 한다. 자연선택에 따라 진화해왔다고 보기에는 카메라눈이 너무나 복잡하고 완벽했기 때문이다.

그럼 카메라눈은 어떻게 지금처럼 복잡하게 진화했을까?

오목한 피부 표면에 여러 시각세포가 늘어선 상태를 '배상안(杯狀眼)'이라고 한다. 오목한 부분이 생기면서 시각세포에 닿는 빛의 위치가 조금씩 달라짐에 따라 빛의 방향도 파악할 수 있게 되었다.

초기의 눈은 빛의 방향을 어렴풋이 알 수 있는 정도였지만, 시각

배상안

시각세포가 있는 피부 표면이 오목해져 빛의 방향을 감지할 수 있다.

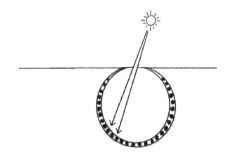

바늘구멍눈

빛이 들어오는 입구가 좁아지면 배상안보다 또렷하게 상을 맺을 수 있지만,
어두운 곳에서는 잘 볼 수 없다.

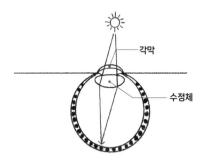

카메라눈

빛이 들어오는 입구를 2개의 렌즈가 덮고 있어서 어두운 곳에서도
초점을 조절하고 선명한 상을 맺을 수 있다.

배상안 → 바늘구멍눈 → 카메라눈의 진화 과정

세포가 많아지고 피부 표면이 더욱더 오목해지면서 빛의 방향을 더 정확하게 파악할 수 있었다. 달팽이의 배상안이 좋은 예로, 빛의 방향을 느끼고 어설프게나마 상도 맺을 수 있다. 오목한 부분이 깊어지고 빛이 들어오는 입구가 작아질수록 망막 위에 맺히는 상이 뚜렷해진다.

나아가 시각세포가 많아지고 오목한 부위가 동굴처럼 깊어지면 배상안보다 훨씬 또렷하게 형태를 파악할 수 있다. 이것이 앵무조개 등의 '바늘구멍눈'이다. 빛이 들어오는 입구가 작을수록 사물이 또렷이 보인다는 사실을 확인하는 방법은 간단하다.

바늘로 종이에 작은 구멍을 뚫고 맨눈으로 사물을 보면, 근시인 사람은 멀리 있는 경치를 선명하게 볼 수 있고, 노안인 사람은 가까운 글씨를 쉽게 볼 수 있다. 스며드는 빛이 망막 위의 좁은 곳에 닿아 상이 흐려지지 않기 때문이다.

다만 빛이 들어오는 입구가 좁아지면 망막에 닿는 빛이 적어지기 때문에 어두운 곳에서는 잘 볼 수 없다. 바늘구멍눈에도 단점이 있다. 또렷한 상을 얻기 위해 구멍이 커지면 상이 흐려지고, 구멍으로 바깥세상을 접하기 때문에 시각세포가 쉽게 손상된다는 점이다.

시력이 좋은 카메라눈

투명한 2개의 막이 입구를 덮은 '카메라눈'은 바늘구멍눈의 단점을 극복할 수 있었다. 카메라눈의 바깥쪽 막을 '각막', 안쪽 막을 '수정체'라고 한다. 각막은 외부에서 들어온 빛을 굴절시키고, 수정체는 두께를 바꾸며 빛의 굴절을 미세하게 조절하면서 초점 맺힌 상을 망막에 형성한다. 카메라눈은 빛이 들어오는 입구를 넓혀도 수정체로 초점을 맞추기 때문에 깨끗한 상을 맺는다. 또한 입구를 넓히면 많은 빛이 들어오기 때문에 어두운 곳에서도 사물을 또렷이 볼 수 있다.

카메라눈은 시력이 겹눈보다 좋다. 겹눈은 낱눈마다 각막이 있고 낱눈 사이가 나뉘어 있어서 시각세포를 많이 배열할 수 없다. 하지만 카메라눈은 각막이 하나고 구획도 없기 때문에 망막 안에 시각세포를 촘촘하게 배열할 수 있다. 겹눈은 낱눈 하나당 7~8개의 시각세포가 배열된 데 반해, 시각세포가 가장 많이 밀집한 인간의 눈은 1mm 사이에 수백 개의 시각세포가 있다. 카메라눈이라는 점은 같지만 인간보다 시력이 좋은 새의 망막은 시각세포의 밀도가 더 높다.

200개의 카메라눈을 지닌 가리비

고둥은 단순한 눈이라도 가지고 있지만, 바지락 같은 이매패류는 눈이 없다. 바지락은 물속에 있는 플랑크톤을 입수관으로 섭취하므로 먹이를 잡지 않아도 되기 때문에 눈이 필요하지 않다.

　그러나 이매패류 중 하나인 가리비의 눈은 무려 80~200개나 된다. 껍데기 크기가 20cm에 이르는 대형 이매패류인 가리비는 끈이라고 불리는 외투막 가장자리에 약 1mm 크기의 작은 눈이 위아래로 빽빽이 붙어 있다.

　가리비의 카메라눈에도 각막, 수정체, 망막이 있지만 인간의 눈과는 구조가 다르다. 인간의 눈은 각막과 수정체 같은 볼록렌즈로 빛을 굴절시킨 후 렌즈 안쪽의 망막에 상을 맺어 색이나 형태를 인식한다. 반면 가리비는 렌즈를 거쳐 망막을 통과한 빛을 망막보다 안쪽에 있는 '오목한 반사판'으로 되받아 다시 망막에서 상을 맺어 사물을 본다.

　가리비의 눈은 허블 우주 망원경과 구조가 같다. 일반 망원경

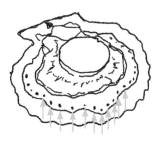

끈에 검은 점이 많은 가리비의 눈

가리비의 눈

은 여러 개의 렌즈로 이루어지지만 우주 망원경에는 렌즈 대신 '오목거울'이 사용된다. 오목거울 앞에는 빛을 받아들이는 수광부가 있다. 망원경으로 들어온 빛은 수광부를 통과하여 오목거울에 닿는다. 오목거울의 표면은 이름 그대로 오목하기 때문에 반사된 빛이 앞쪽에 있는 수광부의 한 점에 모여 상을 맺는다.

우주 망원경에는 왜 오목거울이 사용될까? 렌즈로 상을 맺을 때 일어나는 색수차를 방지하기 위해서다. 색수차는 빛의 색에 따라 초점이 달라져 상이 흐려지거나 색이 번지는 현상이다. 렌즈 대신 오목거울을 활용하면 색수차가 없고 큰 망원경을 만들 수 있다.

가리비의 눈 이야기로 돌아와보자. 가리비는 망막 안쪽의 오목한 반사판으로 눈에 빛을 모으기 때문에 어두운 곳에서도 볼 수 있

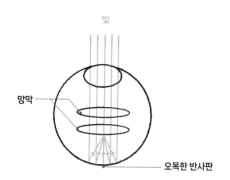

빛이 망막을 통과하면 안쪽의 오목한 반사판으로 되받아
망막에서 상을 맺는다.

가리비 눈의 구조

다. 카메라눈이 무척 많으므로 사람만큼 선명히 볼 수 있을 것 같지만, 실제로는 자세히 보지 못한다고 한다.

그 대신 가리비는 움직이는 물체에 민감해서 적이 다가와 주위가 어두워지면 물을 뿜어내고 도망치거나 잽싸게 입을 닫는다. 시력은 좋지 않지만, 200개에 달하는 눈 덕분에 바닷속이나 바위틈처럼 빛이 적은 곳에서도 250도의 넓은 시야로 주변을 감시할 수 있다.

육상의 눈, 물속의 눈

물속의 사물이 흐릿한 이유

땅 위와 물속의 환경은 크게 다르다. 땅 위에서 생활하는 동물의 눈은 공기 중에서 사물을 보기에 적합하도록 진화했다. 물안경 없이 수영장에서 헤엄칠 때 시야가 흐린 이유는 우리 눈의 구조가 물속에서 사물을 보기에 적합하지 않아서다. 그렇다면 왜 물속에서는 사물이 흐릿하게 보일까?

우리가 무언가를 볼 때, 눈에 들어온 빛 중 3분의 2는 앞에 있는 각막에서 굴절하고, 3분의 1은 수정체에서 굴절한다. 먼 곳을 볼 때는 수정체의 렌즈가 얇아져 빛의 굴절을 줄이고, 가까운 곳을 볼 때는 렌즈가 두꺼워져 빛의 굴절을 크게 한다. 즉, 사물과의 거리에 따라 수정체 두께가 달라져 초점을 맞춘다.

눈이 표면에 있는 각막에서 빛이 굴절하는 정도는 외부 환경에 따라 달라진다. 공기와 접촉할 때는 빛이 크게 굴절하지만, 물속에

32

서는 거의 굴절하지 않는다. 그 이유는 각막의 굴절률이 공기보다 크고, 물의 굴절률과는 비슷하기 때문이다. 굴절률이 비슷하면 빛이 굴절하지 않기 때문에 물속에서는 초점을 맞출 수 없다. 그런 까닭에 물속에서는 사물이 흐릿하게 보인다.

이때는 물안경을 쓰면 도움이 된다. 물안경을 써서 각막 주변에 공기층을 만들면 각막에서 빛을 충분히 굴절시킬 수 있으므로 물속에서도 잘 볼 수 있다.

가까운 곳을 볼 때

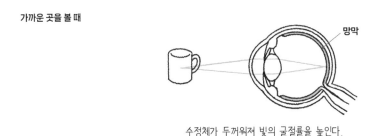

수정체가 두꺼워져 빛의 굴절률을 높인다.

먼 곳을 볼 때

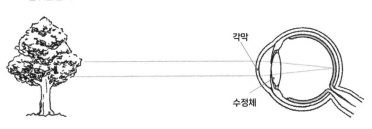

수정체가 얇아져 빛의 굴절률을 낮춘다.

수정체의 원근 조절

물속에서도 선명하게 볼 수 있는 물고기의 눈

인간과 마찬가지로 물고기의 눈도 카메라눈이다. 물속을 헤엄 치는 물고기는 어떻게 물안경 없이도 사물을 볼까?

어류는 물속에서도 잘 볼 수 있도록 각막에서 빛을 굴절시키지 않는다. 대신 수정체의 렌즈를 두껍게 하여 빛을 크게 굴절시킨다. 수정체를 최대한 두껍게 하면 공 모양에 가까워진다. 굽거나 조린 생선의 눈 속에 있는 하얀 공을 본 적 있을 것이다. 그것이 바로 물고기의 수정체로, 불에 익히기 전에는 투명하다. 공처럼 둥근 눈은 빛을 쉽게 굴절시키기 때문에 인간처럼 각막 앞에 공기층을 만들지 않고도 물속에서 사물을 또렷이 볼 수 있다.

다만 물고기의 수정체는 구형이어서 인간의 눈처럼 두께를 조절하지는 못한다. 그래서 카메라처럼 렌즈를 앞뒤로 움직여 초점을 맞춘다. 가까운 곳을 볼 때는 렌즈를 망막에서 떨어뜨리고, 먼 곳을 볼 때는 망막 가까이에 둔다.

참고로, 육상과 수중을 오가며 활동하는 거북이나 가마우지 등은 공기 중과 물속에서 수정체의 모습을 자유자재로 바꿀 수 있다. 빛이 굴절하기 힘든 물속에서는 동공 조임근이라는 근육으로 수정체의 일부를 눌러 렌즈를 두껍게 하고 커브의 각도를 높여 빛을 쉽게 굴절시킨다.

네눈박이송사리의 신기한 렌즈

남아메리카 아마존강에는 네눈박이송사리라는 신기한 물고기가 산다. 실제로는 눈이 2개인데 왜 이런 이름으로 불릴까. 아래 그림처럼 눈의 위쪽 절반은 수면 위로 나와 물 밖을 보고, 아래쪽 절반은 수중에 잠긴 채 물속을 보기 때문이다.

물속과 물 밖을 두루 보는 특수한 눈 덕분에, 하늘에서 덮치는 새는 물론 물속에서 다가오는 적을 동시에 발견할 수 있다. 무척 놀라운 능력이다. 이 송사리의 눈 구조는 어떠할까.

네눈박이송사리의 눈 하나에는 공기 중용, 수중용 2가지 동공이 있다. 즉, 모두 4개의 동공을 가지고 있다.

사람은 가까운 곳을 볼 때 빛이 크게 굴절하도록 수정체를 두껍게 만들어 초점을 조절한다. 반면 네눈박이송사리의 눈은 수정체의

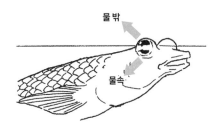

위 동공으로는 물 밖을, 아래 동공으로는 물속을 감시한다.

물 위와 물속을 동시에 보는 네눈박이송사리

두께를 변화시키지 않는다. 수정체 자체가 왜곡되어 있기 때문이다. 아래 그림처럼 공기 중의 동공으로 들어오는 빛은 굴절하기 쉬우므로, 수정체의 곡률을 작게(구부러지는 정도를 작게) 하는 동시에 망막까지의 거리를 짧게 조절한다. 또한 물속의 동공으로 들어오는 빛은 굴절하기 어려우므로, 굴절하기 쉽도록 수정체의 곡률을 크게(구부러지는 정도를 크게) 하는 동시에 망막까지의 거리를 길게 한다. 그리고 공기 중의 동공과 물속의 동공으로 들어온 빛은 각각 다른 망막에 상을 맺는다.

2가지 정보를 네눈박이송사리가 어떻게 처리하는지는 밝혀지지

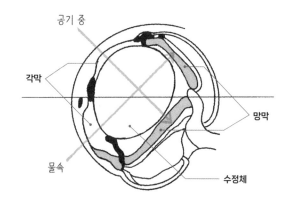

공기 중의 동공으로 들어온 빛은 굴절하기 쉬우므로,
수정체의 곡률을 작게(구부러지는 정도를 작게) 하는 동시에 망막까지의 거리를 짧게 한다.
또한 물속의 동공으로 들어온 빛은 굴절하기 어려우므로
수정체의 곡률을 크게(구부러지는 정도를 크게) 하는 동시에 망막까지의 거리를 길게 한다.

네눈박이송사리의 수정체

않았지만, 뇌에서 2가지 정보를 통합하여 물 밖과 물속을 연속적인 하나의 상으로 파악하는 듯하다. 아마존강은 천적이 많기 때문에 이렇게 복잡한 진화를 거듭했을 것이다. 생활환경에 적응하기 위한 동물의 진화는 헤아릴 수 없이 다양하다.

기능이 다양한 동물의 눈

제삼의 눈을 지닌 투아타라

동물들은 진화하는 과정에서 다양한 눈을 개발했다. 여기서는 눈이 사물을 보는 것 외에도 특별한 기능을 하는 생물을 소개하겠다.

양서류와 파충류 중에는 머리에 '두정안(頭頂眼)'이라는 제삼의 눈을 지닌 동물이 있다. 뉴질랜드의 작은 섬에 사는 몸길이 60cm 정도의 투아타라도 그중 하나다.

투아타라는 수명이 100년 이상인 도마뱀으로, 약 2억 년 전의 파충류와 흡사해 '살아 있는 화석'이라고도 불린다. 태어난 지 반년이 지나면 투아타라의 두정안은 비늘로 덮이기 때문에 겉에서는 보이지 않는다. 이 눈에는 렌즈와 망막 등이 있지만 겨우 빛을 감지할 뿐이다.

어뜻 생각하면 두정안은 퇴화하여 아무 역할도 하지 않는 듯하지만, 손상되면 투아타라가 보금자리로 돌아가지 못한다. 이 점을 감

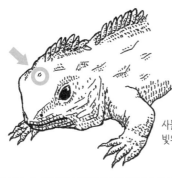

사물을 지각할 순 없지만
빛의 방향을 감지하고 방위를 탐지한다.

투아타라의 두정안

안하면 눈이 방향을 파악하는 태양 컴퍼스 역할을 하는 듯하다. 태양 컴퍼스는 빛의 방향을 감지하여 태양의 위치로부터 방위를 파악하는 능력으로, 꿀벌이 보금자리로 돌아갈 때(103쪽 참고)나 철새가 이동할 때 사용한다. 이처럼 곤충의 홑눈처럼 사물을 보진 못해도 살아가는 데 반드시 필요한 눈도 있다.

뇌가 없는 해파리의 눈

수족관에서 흔히 볼 수 있는 해파리는 대부분 무척 아름답다. 물속에서 우아하게 헤엄치는 모습을 보고 있노라면 절로 치유되는 느낌이 든다. 그런데 해파리는 눈이 어디에 있을까?

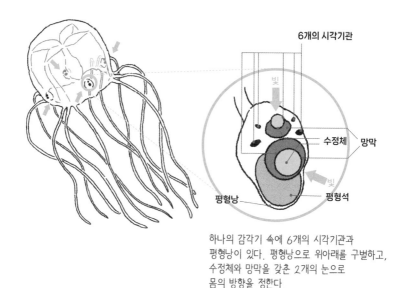

6개의 시각기관

빛

수정체　망막

평형낭　평형석

빛

하나의 감각기 속에 6개의 시각기관과
평형낭이 있다. 평형낭으로 위아래를 구별하고,
수정체와 망막을 갖춘 2개의 눈으로
몸의 방향을 정한다.

상자해파리 감각기의 시각기관과 평형낭

　　상자해파리를 예로 들어보자. 이름에서 알 수 있듯 상자처럼 생
긴 상자해파리는 외형은 아름다우나 맹독을 품고 있다. 갓 밑에는
4개의 감각기가 있고, 그 속에 시각기관이 각각 6개씩(모두 24개) 있
다. 그중 2개는 수정체와 망막까지 있어서 사물의 형태를 인식할 수
있다. 하지만 해파리는 중추신경, 즉 뇌가 없으므로 구체적으로 어느
정도까지 볼 수 있는지는 알 수 없다.

　　상자해파리는 빛이나 움직임에는 민감하게 반응해서 초속 2m
로 작은 물고기 등을 추격할 수 있다.

어떻게 이런 일이 가능할까? 상자해파리의 감각기에는 시각기관과 함께 '평형낭'이라는 기관이 있다. 평형낭은 인간의 귓속에 있는 평형 감각기처럼 몸의 균형을 잡는 역할을 한다. 또한 평형낭 속에는 감각모로 덮인 평형석이라는 돌이 있는데, 몸이 기울어지면 평형석이 이동하여 감각모를 자극하므로 방향을 알 수 있다.

실제로 무중력상태인 우주에서는 평형석이 기능하지 않기 때문에, 우주왕복선에서 해파리를 헤엄치게 하면 방향감각을 잃고 빙글빙글 회전한다. 인간이 우주 공간에 가면 우주 멀미를 하는 이유도 시각으로 얻는 자세 정보와 평형감각으로 얻는 정보가 일치하지 않아서다.

상자해파리는 평형낭으로 위아래를 구별하고, 수정체와 망막을 갖춘 2개의 눈으로 몸의 방향을 정한다. 2개의 눈 중 위쪽 눈으로는 수면의 그림자를, 아래쪽 눈으로는 물속의 장애물과 사냥감을 감지한다. 상자해파리는 중추신경이 없기 때문에 이 정보들을 종합해서 처리할 수 없다. 그래서 시각기관과 평형낭을 하나의 감각기관에 두고, 평형낭에서 얻은 정보를 바탕으로 수정체와 망막을 갖춘 두 눈이 같은 곳을 향하도록 조절한다.

2장

잡아먹으려고 하든,
잡아먹히지 않으려고 하든

약육강식 시대에 돌입한 포식자와 피식자의 눈은 생존을 위해 경쟁하듯 진화했다.
하늘과 물속의 적으로부터 몸을 보호하고 효율적으로 먹이를 찾기 위해
시력을 높였다. 때로는 상대방의 눈을 속이는 기술을 터득해갔다.
동물들의 기상천외한 '생존 전략'을 살펴보자.

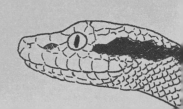

눈은 왜 머리에 있을까

눈이라는 위험 감지 센서

　너무도 당연해서 대부분 의문을 품어본 적 없을 듯한 질문을 하겠다. 동물의 눈은 왜 머리에 있을까?

　이유는 신체 중 가장 높은 머리 부위에 있으면 시야가 넓어져서 먹잇감을 쉽게 발견할 수 있기 때문이다. 피식자 또한 눈이 높은 곳에 있으면 적을 재빨리 발견하고 도망칠 수 있으니 생존에 유리하다. 나아가 진행하는 방향의 앞부분에 눈이 있으면 보다 빠르게 정보를 얻을 수 있다.

　즉, 눈은 천적을 피해 도망치기 위한 '위험 감지 센서'라는 중요한 역할을 한다.

　등뼈를 가진 척추동물의 머리에는 냄새를 맡는 후각기관과 맛을 느끼는 미각기관이 있다. 이 기관들이 머리에 있는 이유는, 먹이에서 수상한 냄새가 나진 않는지, 위험한 맛이 나진 않는지 등을 빠르게 확인하기 위해서다.

시각기관과 후각기관, 미각기관에서 얻은 정보는 각각 전기신호로 바뀌어 신경세포를 지나 뇌에서 처리된다. 그 때문에 시각기관이 발달한 동물은 정보를 더 빨리 획득해야 하므로 감각기관 바로 옆에 뇌가 있다. 실제로 인간이 눈으로 정보를 파악한 후 뇌에서 반응하기까지 약 0.03~0.04초의 시간 차이가 발생한다. 만약 눈과 뇌가 지금보다 멀리 떨어져 있다면 그 시간이 더 길어지지 않을까? 또한 안구에서 뻗어 나온 약 100만 개의 시신경이 뇌와 연결되려면, 눈과 뇌가 가까워야 몸의 부담이 적을 것이다.

위험을 감지하는 감각기관과 뇌의 거리가 가까우면 좀 더 효율적으로 정보를 처리할 수 있기 때문에 생존율이 높다.

앞발로 맛을 확인하는 파리

미각과 후각 등의 감각기관이 머리에 모여 있는 척추동물과 달리 곤충은 온몸에 미각기관과 후각기관이 분포한다. 예를 들어 파리는 입 근처와 촉각기관에 후각기관이 있고 입과 발끝, 날개 가장자리와 산란기관에 미각기관이 있다.

그러므로 파리는 음식에 발을 대기만 해도 맛을 알 수 있다. 공중을 날아다니는 파리는 입보다 발이 음식에 먼저 닿기 때문에 발끝

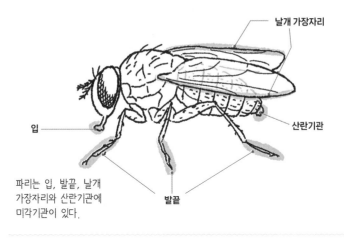

날개 가장자리

입

산란기관

발끝

파리는 입, 발끝, 날개
가장자리와 산란기관에
미각기관이 있다.

미각기관이 온몸에 있는 파리

으로 미각을 느끼며 먹이를 찾는 편이 효율적이다. 파리가 앞발을 자
주 비비는 이유는 미각을 느끼는 기관을 청결하게 유지하기 위해서
라고 한다.

　파리의 앞발과 마찬가지로 문어의 빨판에도 미각을 느끼는 기
관이 있다. 종마다 다르지만 다리 하나당 200개나 되는 빨판이 있는
문어는 잡은 사냥감의 맛을 빨판에서 바로 확인한 후 먹어 치운다.
5억여 개의 신경세포 중 약 3억 개가 8개의 다리에 집중된 것을 보면
문어에게 다리가 얼마나 중요한 부위인지 짐작할 수 있다.

지각의 집합체인 달팽이 눈

장마철에 흔히 볼 수 있는 달팽이는 머리 꼭대기에 '뿔'이 있다. '더듬이'라고 불리는 이 기관은 어떤 역할을 할까?

달팽이의 더듬이는 인간의 눈과 손 역할을 한다. 달팽이와 민달팽이는 모두 육지에 서식하는 복족류로, 껍데기가 있는 쪽이 달팽이, 껍데기가 없는 쪽이 민달팽이다. 달팽이와 민달팽이의 머리에는 2쌍, 즉 총 4개의 더듬이가 있다. 길게 앞으로 뻗은 것을 큰 더듬이, 그 아래에 있는 것을 작은 더듬이라고 하며, 큰 더듬이의 끝에는 작은 눈이 있다.

이 튀어나온 눈은 시력이 좋지 않아서 기껏해야 명암을 느끼고 형체 정도만 알아볼 수 있다. 그렇지만 달팽이는 야행성 동물이라서 또렷이 보이지 않아도 사는 데 지장이 없다. 이동할 때는 큰 더듬이로 앞에 장애물이 있는지 감지한다. 또한 작은 더듬이에는 맛과 냄새를 느끼는 기관이 있어, 눈이 발달하지 못했어도 멀리 떨어진 곳의 상황을 알 수 있다.

이렇듯 감각기관이 많은 달팽이와 민달팽이의 더듬이는 절단되더라도 몇 주 안에 원래대로 회복하는 신비한 재생 능력이 있다. 더듬이뿐만 아니라 뇌가 손상되어도 원상태로 돌아간다는 점이 사람과 크게 다르다.

동물의 기관이 얼마나 잘 재생되느냐는 생활하면서 얼마나 손상되기 쉬우냐에 달려 있다고 한다. 인간은 뼈가 부러지면 붙고 피부를 다쳐도 금세 낫지만, 뇌와 눈은 손상되면 원래대로 회복되지 않는다. 반면 달팽이와 민달팽이의 더듬이는 앞으로 길게 뻗어 있어서 쉽게 손상되기 때문에 재생 능력이 높다.

눈은 왜 2개일까

두 눈으로 거리를 재는 포식자

어째서 우리의 눈은 2개일까?

눈이 2개면 물체를 입체적으로 보고 거리를 잘 가늠할 수 있기 때문이다. 눈 하나로 정보를 얻으면 물체의 형태(실루엣)를 판별할 순 있어도 입체감까지는 파악할 수 없다.

사자, 고양이 같은 육식 포유류와 조류, 파충류를 포함한 포식자의 눈은 신체 정면을 향한다. 이들은 좌우의 눈에 비치는 근소한 상의 차이(시각 차이)를 통해 사물을 입체적으로 보며 거리를 가늠한다. 특히 대상과의 거리가 대략 10m 이내라면, 좌우 시야를 집중하여 얻는 깊이와 거리 등의 정보가 가장 중요한 단서가 된다.

위험이 도사리는 땅으로 내려가지 않고 나무 위에서 열매 등을 따 먹으며 사는 원숭이 등의 영장류도 나무에서 나무로 이동할 때 정확한 거리를 알기 위해 눈이 정면을 향한다. 원숭이와 같은 영장류인 우리 인간도 평소 의식하지 않지만 양쪽 눈에 비치는 상의 차이 덕분에 비교적 가까운 물체를 삼차원으로 파악한다.

확인해보고 싶다면 한쪽 눈을 감고 야구공을 주고받아보자. 한쪽 눈으로만 보면 공과의 거리감이 정확하지 않아 실수가 많아질 것이다.

눈과 마찬가지로 귀도 2개 있는 감각기관이다. 좌우가 반대 방향을 향하므로 소리의 크기나 양쪽 귀에 닿을 때까지의 시간 차이를 통해 대상과의 거리를 가늠할 수 있다.

특히 눈이 정면을 향해서 시야가 좁은 인간이나 사자 등은 보이지 않는 곳의 정보를 청각으로 읽어낸다. 또한 소리의 반향을 이용해

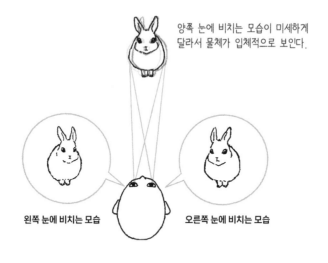

양쪽 눈에 비치는 모습이 미세하게 달라서 물체가 입체적으로 보인다.

왼쪽 눈에 비치는 모습

오른쪽 눈에 비치는 모습

시각 차이를 이용한 입체시

징애물의 위치와 새질 같은 주변 환경을 파악한다. 이처럼 감각기관이 2개 있으면 미세한 차이를 느낄 수 있으므로 좀 더 복잡한 정보를 얻을 수 있다.

두 눈으로 시야를 넓히는 피식자

눈이 머리 정면에 있는 육식동물과 달리 얼룩말 같은 초식동물은 눈이 머리 측면에 붙어 있어 대략 340도에 이르는 넓은 범위를 내다볼 수 있다. 그러므로 바로 뒤에 있는 것을 제외하면 대부분 볼 수 있다. 잘 도망쳐야 하는 초식동물은 적과의 거리를 재기보다 시야를 넓혀 적을 발견하자마자 잽싸게 달아나는 것이 생존에 유리하기 때문이다.

양쪽 눈으로 각기 다른 방향을 보며 시야를 넓히는 신기한 동물도 있다. 아프리카나 남아시아 등지의 나무 위에 서식하는 소형 파충류 카멜레온이 좋은 예다. 양쪽 눈을 앞뒤, 위아래로 따로따로 움직이며, 동시에 여러 방향을 본다.

또한 카멜레온은 눈이 튀어나와 있어서 거의 모든 방향을 확인할 수 있다. 나무 위에 있으면 사방에서 천적이 나타나므로 습격에 대비하기 위해서다. 키멜레온은 먹잇감을 찾을 때도 양쪽 눈을 따로 움직여 넓은 범위를 감시하는데, 먹잇감을 발견하면 즉시 한곳에 시

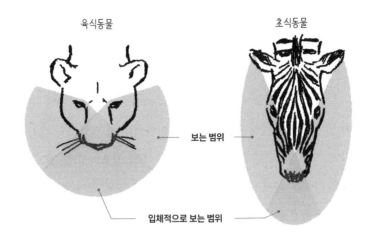

육식동물   초식동물

보는 범위

입체적으로 보는 범위

육식동물은 보는 범위는 좁지만 입체적으로 보는 범위는 넓다.
초식동물은 보는 범위는 육식동물보다 넓지만 입체적으로 보는 범위는 좁다.

육식동물과 초식동물의 시야

야를 집중한다.

    그리고 인간과 마찬가지로 양쪽 눈에 비치는 근소한 상의 차이
로 먹잇감까지의 거리를 측정해 의태하면서 사정거리까지 접근한 후
긴 혀로 순식간에 잡아먹는다. 카멜레온은 육식동물의 눈과 초식동
물의 눈이 지닌 장점을 극대화한 동물이다.

눈이 하나인 방범 카메라

    눈이 2개면 장점이 많지만, 꼭 2개가 있어야만 좋은 것은 아니다. 거리에 있는 방범 카메라의 '눈'은 하나만으로도 충분하다. 고정되어 있어서 대상과의 정확한 거리에 관한 정보가 필요하지 않기 때문이다. 또한 360도를 볼 수 있는 넓은 시야도 필요하지 않다. 2개의 눈으로 시야를 넓히기보다 다른 곳에 추가로 방범 카메라를 설치하면 필요한 정보를 더 많이 모을 수 있다.

    최근 자율 주행 기술에서도 앞차나 장애물과의 거리를 측정하기 위해, 영상을 얻는 카메라와 거리를 측정하는 적외선 레이저를 결합하여 활용하고 있다. 이 또한 단순히 2개의 카메라를 갖추기보다 적외선 레이저를 추가하면 더 손쉽게 거리를 측정할 수 있기 때문이다.

    이처럼 어떤 상황에서는 하나의 눈이 더 효율적이다.

커뮤니케이션에 능한 인간의 눈

눈으로 말하는 인간

원숭이로부터 진화한 인간은 나무에서 내려와 땅에 살고 있지만 눈이 정면으로 나 있다. 그 이유는 집단으로 사냥할 때 사냥감과의 거리를 재야 했기 때문일 것이다. 등 뒤에 위험이 도사리고 있더라도 말로 의사소통하면 위험을 피할 수 있다.

인간이 눈으로 감정을 쉽게 드러내는 현상을 가리키는 관용구나 속담은 "눈으로 말한다"나 "눈은 마음의 거울" 외에도 많다. 눈은 그만큼 사람들이 커뮤니케이션할 때 중요한 역할을 해왔다.

예를 들어 눈을 동그랗게 뜨거나 가늘게 뜨는 등의 모습에 따라 표정이 다양해진다. 그래서 표정 변화를 읽어내면 상대의 감정을 파악할 수 있다. 눈을 깜빡이는 방법과 횟수 등도 의사소통에 중요하다.

오사카대학교 나카노 다마미 박사의 연구에 따르면, 화자는 주로 말을 마칠 때 눈을 자주 깜빡이는데, 청자는 대부분 화자가 눈을 깜빡이고 0.25~0.5초 정도 후에 깜빡인다고 한다. 즉, 말하는 사람과 듣는 사람은 무의식적으로 눈 깜빡임을 통해 의사소통한다. 무의식적으로 눈을 깜빡이는 행위가 눈을 촉촉하게 하는 작용 외에도 소통 능력을 높인다니 놀랍지 않은가?

흰자를 드러내는 인간의 생존 전략

커뮤니케이션에 능한 인간 눈의 가장 큰 특징은 외부에서 흰자가 보인다는 것이다. 안구의 가장 바깥쪽에 있는 흰자 부분을 '공막'이라고 한다. 공막은 빛을 통과시키지 않는다. 한편 안구 정면에 있는 투명한 각막은 빛을 통과시키고, 이 빛은 각막 안쪽에 있는 '검은자'라는 부분의 '홍채'와 '동공'에 닿는다. 홍채가 수축하거나 팽창하면 동공의 크기가 변하여 안구에 들어오는 빛의 양이 조절된다.

인간 외에도 개나 고양이처럼 흰자가 있는 동물이 많지만, 외부에서는 흰자가 거의 보이지 않는다. 흰자가 보이면 시선의 방향을 적이 알 수 있어서 생존경쟁에 불리하기 때문이다. 그런데도 왜 인간은 흰자가 보이도록 진화했을까? 추측건대, 시선의 방향을 상대에게 알려 정보나 감정을 쉽게 공유하고 커뮤니케이션을 원활하게 하기 위해서인 듯하다.

사람은 대화할 때 상대방이 보는 시선의 방향으로 자신의 시선

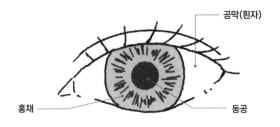

공막(흰자)

홍채

동공

눈의 구조와 명칭

을 돌려 같은 대상을 바라보는 듯한 동작을 무의식적으로 취한다. 언어가 아닌 다른 방법으로도 원활하게 의사소통한다는 증거다. 또한 흰자가 있으면 감정 표현이 풍부해지고, 상대방과의 심리적 거리도 줄어든다. 예를 들어 흰자를 많이 보여 놀란 표정을 짓거나, 시선을 피해 지루한 감정을 표현할 수도 있다. 동료에게 시선의 방향을 알리면 집단 사냥을 할 때 도움이 된다. 인간은 진화 과정에서 일대일로 싸우기보다 동료들과 협동하여 생존하는 길을 택했기 때문이다.

　이런 특징을 살리기 위해서라도 이야기를 나눌 때는 상대방의 눈을 보며 말하는 것이 중요하다. 시선을 돌리는 행동만으로는 자신의 기분을 전달하거나 상대방의 생각을 이해하기 어렵다. 사람의 눈은 비언어 커뮤니케이션에 무척 필요하다.

시야를 넓혀보자

의외로 좁은 인간의 시야

우리는 일상생활에서 시야 전체를 또렷이 보고 있다고 생각하지만, 실제로는 무척 좁은 범위만 자세히 본다. 시야란 눈을 움직이지 않고 볼 수 있는 범위다. 카메라로 아웃포커싱 기능을 사용하지 않고 촬영하면 중심 이미지뿐 아니라 주변도 선명하게 찍을 수 있지만 인간은 시선이 향한 곳만 또렷이 본다.

독서할 때도 시선이 향한 곳의 글자만 또렷이 인식할 수 있다. 한 번에 읽을 수 있는 글자 수는 몇 자 되지 않는다. 그 때문에 읽으려는 문자열에 시선을 집중하고, 다 읽으면 다음 문자열로 시선을 옮기는 동작을 반복해야 한다. 인간은 이 문장을 읽는 지금 이 순간에도 약 0.3초 간격으로 시선을 옮기고 있다.

시선 방향에서 10도만 벗어나도 자세히 보는 능력은 대략 10분의 1, 시력으로 치면 0.1~0.2까지 급격히 떨어진다. 손바닥 위에 배

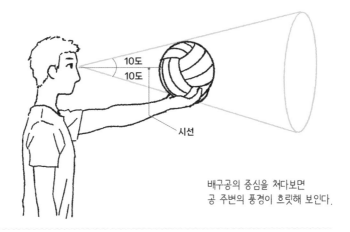

배구공의 중심을 쳐다보면
공 주변의 풍경이 흐릿해 보인다.

사물이 자세히 보이는 범위

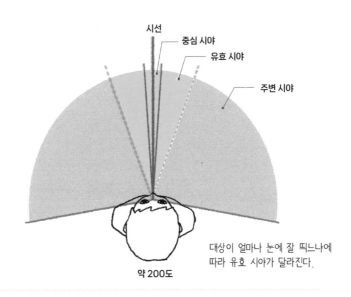

대상이 얼마나 눈에 잘 띄느냐에
따라 유효 시야가 달라진다.

인간의 시야 범위

구공을 올리고 팔을 앞으로 쭉 뻗어보자. 배구공의 크기는 시선 방향에서 10도 범위에 해당한다. 배구공의 중심을 쳐다보면 그 주변 풍경은 흐릿하다.

시야의 구석구석까지 또렷이 본다고 생각하겠지만, 실제로는 시선 중 일부분만 보고 있다.

또한 시야 전체에서 색을 인식한다고 생각하겠지만, 색을 구별하는 범위도 한정적이다. 시선에서 약 30도 범위에서만 색을 분명히 구별할 수 있다. 그보다 멀리 있는 색은 거의 보이지 않는다. 시선에서 약 30도 범위는 데스크톱 컴퓨터를 사용할 때의 모니터 크기 정도다.

즉, 우리는 시야 끝부분의 시력이 약하고 색을 잘 보지 못한다.

시선의 방향에서 시력이 좋은 범위를 '중심 시야', 중심 시야를 제외한 시야 전체를 '주변 시야'라고 한다. 사람은 두 눈을 통해 수평 방향으로 200도 정도를 내다볼 수 있지만, 중심 시야는 그중 몇 도밖에 되지 않는다.

유효 시야의 범위

중심 시야만큼 자세히 보이신 않지만 목표물을 다른 것과 식별할 수 있는 범위를 '유효 시야'라고 한다. 무언가에 집중하면 주변이 잘 보이지 않으므로 유효 시야가 좁아진다. 또한 목표물이 다른 것과 비슷할수록 유효 시야는 줄어든다.

가령 아래 왼쪽 그림의 '×'들 속에서 비슷하게 생긴 '/'를 찾는 일보다 오른쪽 그림의 '×'들 속에서 'O'를 찾는 일이 더 쉽다. 오른쪽 그림에서는 유효 시야도 시선에서 15도 정도로 넓어진다.

이처럼 유효 시야의 범위는 대상이 눈에 띄는 정도, 보는 사람의 피로도, 주시하는 방법에 따라 크게 달라진다.

우리가 자동차를 운전할 때 앞만 바라보는 것 같지만, 실제로는 시선을 끊임없이 움직인다. 운전을 안전하게 하기 위해서는 전방뿐 아니라 다양한 방향에서 오는 정보를 읽어야 한다. 운전자는 표지판, 신호등, 보행자, 앞차와 옆 차, 반대편 차량, 도로 등에 무의식적으로

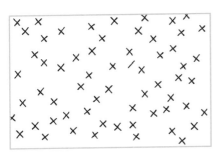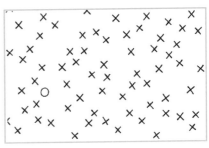

'×'들 속에서 '/'를 찾는 일보다
'×'들 속에서 'O'를 찾는 일이 쉽고, 이때 유효 시야는 확대된다.

유효 시야의 범위를 조사하는 이미지

시선을 쏟으므로 오래 운전하면 눈이 피로해져서 사고를 일으키기 쉽다. 피로에 따른 유효 시야 감소는 교통사고의 원인 중 하나다.

실제로 자동차를 2시간 운전하면 유효 시야가 20% 감소한다고 한다. 그러므로 운전할 때는 피로를 느끼기 전에 적당히 쉬며 유효 시야를 회복할 필요가 있다.

고개를 돌려 시선을 움직이는 올빼미

일상생활 속 사람들의 시선을 아이 카메라(Eye camera)라는 장비로 살펴보면 생각보다 눈을 바쁘게 움직인다는 것을 알 수 있다. 이를테면 걷거나 책을 읽을 때 우리는 1초에 3번꼴로 시선의 방향을 바꾼다. 사람들은 어떤 방식으로 이렇게 바삐 시선을 움직일까?

사람은 안구를 상하좌우로 돌려서 보는 방향을 바꾼다. 만약 눈이 회전하지 않으면 시선을 바꿀 때마다 고개를 흔들어야 할 것이다. 사람이 목을 움직이지 않고 시선을 바꿀 수 있는 이유는 안구 바깥쪽에 있는 '외안근'이라는 6개의 근육이 눈을 회전시키기 때문이다.

더불어 안구를 부드럽게 굴리기 위해서는 눈이 구형이어야 한다. 도쿄 돔의 천장이 원형을 유지하는 방법과 마찬가지로 인간의 눈은 안구 안쪽이 압력을 바깥쪽보다 살짝 높여 구형을 유지한다.

한편 올빼미의 눈은 표주박처럼 일그러져 있다. 야행성인 올빼

빙그르르

고개를 움직여 시선을 바꾸는 올빼미

미는 두개골의 우묵한 곳인 안와 속에 커다란 눈을 고정해야 하기 때문이다.

올빼미는 안구를 굴리는 대신 고개를 빙그르 돌려서 물체를 본다. 사람은 고개를 60도 정도까지 돌릴 수 있지만, 올빼미는 목 바로 뒤에서 90도 더 돌려 270도 정도까지 돌릴 수 있다. 올빼미는 머리가 가벼워서 재빨리 목을 돌릴 수 있지만, 사람은 불가능하다. 그래서 뇌가 발달한 인간은 안구를 회전하여 시선을 바꾸도록 진화했다.

날쌘 동물은 시력이 좋을까

시력이 좋은 독수리

일반적으로 동물은 날쌜수록 시력이 좋다. 맹금류인 독수리의 시력은 인간의 약 2.5배인 5.0이라고 한다. 고도 50m 상공에서 3mm 크기의 물체를 식별할 수 있을 만큼 굉장한 시력이다. 그래서 높은 하늘 위에서도 작은 새나 쥐, 물고기 등을 쉽게 발견한다.

독수리는 사냥감을 발견하면 시속 300km로 급강하하여 잡아챈다. 이러한 맹금류의 시력이 좋은 이유는 머리 크기에 비해 눈이 크고, 망막의 시각세포와 신경세포가 인간보다 훨씬 많기 때문이다.

동체 시력이 좋은 파리

빠르게 날아다니는 곤충의 눈은 자세한 형태를 보기에는 적합

와우!

50m

독수리는 50m 상공에서 3mm 크기의 물체를 식별할 정도로 시력이 뛰어나다.

하늘에서 사냥감을 발견한 독수리

하지 않지만 움직이는 물체에는 매우 민감하게 반응한다. 이유인즉, 카메라눈보다 겹눈이 시각세포에 닿은 빛을 더 빠르게 전기신호로 바꾸기 때문이다.

이를테면 사람의 눈은 1초 동안 약 40회 깜빡이는 빛을 감지할 수 있지만 그 이상이 되면 일정한 밝기로 빛나고 있다고 인식한다. 이에 반해 파리는 1초 동안 140회 이상 깜빡이는 빛을 감지할 수 있다. 즉, 1초 동안 100회 정도 깜빡이는 형광등은 인간의 눈에는 일정한 밝기로 빛나지만, 파리의 눈에는 깜빡이는 빛이 보인다. 이렇듯 곤충은 움직임을 민감하게 알아챌 수 있어서 천적으로부터 재빨리 도망칠 수 있다.

동물이 인식할 수 있는 점멸 속도를 '임계융합주파수'라고 하며, 단위는 Hz(헤르츠)로 표시한다. 파리의 임계융합주파수는 약 140Hz고, 파리보다 빠르게 나는 잠자리는 약 170Hz, 잠자리보다 빠른 벌은 약 200~300Hz다. 반대로 움직임이 느린 개미는 인간과 마찬가지로 40Hz 정도다.

이처럼 눈의 종류가 겹눈으로 같더라도 재빠른 곤충이 임계융합주파수가 높은 경향이 있어서 움직임에 민감하다.

느린 동물은 눈이 퇴화할까

눈에 의존하지 않는 생존 전략

날쌘 동물은 대부분 눈이 발달했는데, 동작이 느린 동물의 눈은 어떨까?

먼 옛날, 바다에서 육지로 이동해 진화한 생물들은 생활환경에 맞는 눈을 획득해갔다. 생존을 위해 반드시 정교한 눈이 필요했던 것은 아니다. 형태를 구별하는 눈이 있으면 적을 발견하자마자 도망치거나 먹잇감을 빠르게 찾아내 포획할 수 있는데, 이 진화는 '빠른 움직임'을 전제로 한다.

느린 동물은 적이나 먹이를 발견해도 잽싸게 움직일 수 없기 때문에 정교한 눈이 있어도 별 쓸모가 없다. 그래서 눈을 발달시키는 대신 다른 생명체의 눈에 띄지 않도록 주위 환경을 흉내 내는 의태 능력을 기르거나 독으로 몸을 보호하는 등의 생존 전략을 취했다.

예를 들어 동작이 느린 해파리나 성게는 눈이 거의 발달하지 못했다. ㄱ 대신 해파리의 몸은 적의 눈에 잘 띄지 않도록 투명하고, 성게는 포식자에게 잡아먹히지 않기 위해 많은 가시로 몸을 감싸고 있다. 식물처럼 보이는 산호는 실은 산호충이라는 동물로, 눈이 없는 대신 골격이 단단하여 천적으로부터 몸을 보호한다.

성장하면 시력을 잃는 따개비

정교한 눈을 유지하려면 상당한 에너지를 낭비하기 때문에 성장 단계에 따라 눈을 퇴화시키는 동물도 있다. 바닷가 암초나 방파제 등에 흔하고 껍데기가 산처럼 생긴 따개비는 눈이 없다. 따개비는 흡착력이 매우 강하고 한 번 뭔가에 들러붙으면 이동하기 어려워서 눈이 필요하지 않다.

이들은 이동하여 번식 상대를 찾지 않아도 되도록 한곳에 무리지어 산다. 바위 같은 자연물뿐 아니라 배 같은 인공물에도 들러붙는다. 따개비가 붙으면 배의 속도가 떨어지기 때문에 선원들은 좋아하지 않는다.

이런 따개비도 알에서 부화한 직후에는 앞쪽 더듬이 근처에 홑눈이 하나 있어 자유롭게 돌아다닐 수 있다. 물속을 이동하면서 탈피를 반복히디가 '키프리스(cypris)'라는 형태가 되면 홑눈의 양쪽에 한 쌍의 겹눈이 생긴다. 곤충의 겹눈과 구조가 비슷한 이 겹눈으로 동료

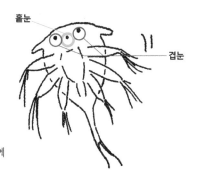

홑눈

겹눈

키프리스는 색깔이 붉은 장소에
붙는 성질이 있다.

따개비의 키프리스

들 가까이에 들러붙을 수 있는 장소를 탐색한다.

따개비는 껍데기에서 붉은색 형광물질을 방출하여 동료에게 자신의 위치를 알리는 습성이 있어서, 물속을 떠다니는 키프리스는 색깔이 붉은 장소에 즐겨 붙는다고 한다.

즉, 따개비는 어느 시기에는 색을 식별할 수 있을 정도로 시각이 훌륭하지만, 바위 등에 고착하면 이동할 필요가 없어지기 때문에 눈이 퇴화하여 거의 보지 못하게 된다. 그래도 빛의 강약은 느낄 수 있다. 성장 단계에 따라 시력이 퇴화한다니 동물의 생존 전략은 참으로 심오하다.

몸의 색깔을 바꾸는 호랑나비

많은 동물이 포식자의 눈에 띄지 않기 위해 생활환경에 맞춰 몸 색깔을 바꾼다. 카멜레온처럼 주위 풍경에 따라 색을 바꾸거나 호랑 나비 유충처럼 보호색으로 위장하는 현상을 '의태'라고 한다. 많은 동물이 나름의 정교한 의태 기술로 혹독한 자연환경을 헤쳐나가고 있다.

여기서는 보호색으로 위장하는 의태를 살펴보자.

호랑나비 유충은 성장 단계에 따라 몸 색깔을 바꾸며 자신을 보호한다. 귤나무 등에 사는 유충 시기에는 새 같은 포식자의 눈에 띄지 않도록 새똥과 비슷하게 흰색과 검은색의 얼룩덜룩한 무늬를 띤다. 이윽고 4번째 탈피 때는 몸이 새똥보다 커지기 때문에 귤잎 색깔

유충 시기에는 새똥과 비슷하게
흰색과 검은 색의 일룩덜룩한 무늬를 띤다.

4번째 탈피 때는 귤잎을 의태하여
초록색으로 바꾼다.

호랑나비의 성장과 의태

에 맞추어 초록색으로 바꾼다.

　5번째 탈피로 실을 뽑아 유충에서 번데기가 될 무렵에는 굵은 나무 줄기의 색깔에 맞춰 갈색으로 바꾸거나, 가지에 달린 잎사귀 색에 맞춰 초록색으로 바꾼다. 이처럼 번데기 시기의 환경에 맞춰 색을 바꾸어 적의 눈에 띄지 않도록 위장한다.

　도쿄대학교 히라가 소타 씨의 연구에 따르면, 번데기의 색을 결정하는 요인은 번데기로 바뀔 때의 배경 색이 아니라 붙어 있는 곳의 표면 상태다. 표면이 '매끈매끈'하면 초록색으로, '까칠까칠'하면 갈색이 된다. 또한 경사가 가파른 곳, 온도와 습도가 높고 어두운 곳에서는 초록색으로 변하기 쉽다. 이러한 전체 환경에 따라 번데기의 색

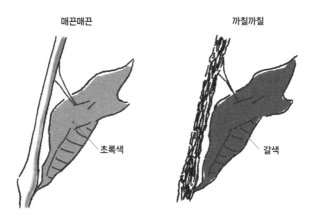

번데기의 색을 결정하는 요인은 배경 색이 아니라
번데기가 붙어 있는 장소의 표면 상태다.

번데기 색깔을 결정하는 요인

깔이 설정된다. 번데기의 초록색은 몸속에 있는 초록색 색소 때문에 나타나고, 갈색은 조건에 따라 표피세포에서 만들어진 멜라닌 색소 때문에 나타난다.

이처럼 호랑나비의 유충과 번데기는 성장 단계와 환경에 맞추어 몸의 색깔을 배경에 녹아들도록 바꿈으로써 천적의 눈을 속인다.

꽃을 의태하는 난초사마귀

포식자 중에도 주위 환경과 어우러지는 색깔과 형태를 띠는 동물이 많다. 사자의 털은 색깔이 마른 풀과 비슷해서 사바나에 있으면 주위 풍경과 하나가 되어 눈에 띄지 않는다. 정글에 사는 호랑이의 세로줄 무늬는 수풀과 잘 구분되지 않는다.

포식자가 주위 배경과 어우러지면 잽싸게 도망가는 초식동물이 눈치챌 새도 없이 접근할 수 있다.

하지만 포식자도 새끼 때는 작고 연약해서 천적에게 곧잘 공격당한다. 그래서 곤충을 잡아먹는 난초사마귀는 유충 시기에 빨강과 검정 무늬의 딱정벌레를 의태하여 몸을 보호한다. 유충은 딱정벌레처럼 고약한 냄새를 풍기지는 않지만 딱정벌레를 의태하여 적의 눈을 피한다.

성장한 난초사마귀는 난초꽃과 같은 모습으로 의태한다. 이번에는 포식자로서 꽃을 위장하여 잠복하기 위해서다. 그리고 꽃의 꿀을 찾아다니는 꿀벌이나 나비 같은 곤충이 다가오면 순식간에 앞발을 뻗어 잡아먹는다. 난초꽃으로 위장하면 사냥할 때뿐만 아니라 새 같은 천적으로부터 몸을 보호할 때도 유용하다.

먹고 먹히는 가혹한 환경에서 살아가는 동물은 이처럼 '눈'에 보이는 것을 전제로 의태한다.

포식자에게 화려한 색깔을 뽐내는 동물

일부러 눈에 띄는 모습으로 생존율을 높이는 동물도 있다. 독을 품은 뱀이나 벌, 이상한 맛이 나는 무당벌레나 고약한 냄새를 풍기는 딱정벌레 등은 빨강, 노랑 같은 화려한 색깔과 무늬를 띤다.

그 이유는 자신과 같은 종을 먹고 혼쭐이 난 포식자가 다시는 공격하지 않도록 각인시키기 위해서다. 물론 맨 처음 습격당한 동종 생물은 희생되겠지만 다른 동료 개체가 습격당할 위험은 낮아진다. 개체가 아니라 종 전체의 생존 확률을 높이기 위한 전략인 셈이다.

개중 일부는 독이 있는 동물과 비슷한 색깔이나 무늬를 흉내 내 포식자의 공격을 피한다.

예를 들어 빨간색, 검은색, 흰색의 세로줄 무늬가 있는 우유뱀은 독사인 산호뱀과 생김새가 비슷하지만 독이 없다. 이것도 의태의 일종으로 '베이츠 의태'라고 한다. 독이 있는 산호뱀을 의태하여 스스로 독을 만들지 않고도 몸을 보호하는 전략이다.

　　다만 독이 없는 종이 너무 많아지면 의태 효과가 떨어진다는 단점이 있다. 또한 독을 품은 동물이 없는 곳에서는 천적이 독이 있다

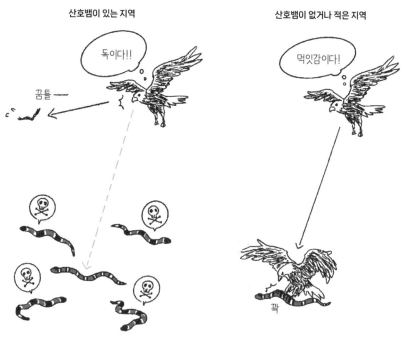

독이 있는 산호뱀을 의태하는 우유뱀은
독을 만들지 않고도 몸을 보호한다.

우유뱀의 베이츠 의태

고 인식하지 않으므로 의태 효과가 사라진다. 다시 말해 환경에 따라 의태 효과가 나타난다.

이 밖에도 이상한 맛이 나거나 고약한 냄새를 풍기는 동물과 겉모습만 비슷하게 꾸미는 베이츠 의태도 있다. 강한 종이나 기피 동물의 겉모습을 본떠 잡아먹힐 위험을 조금이라도 낮추려는 약한 종의 생존 전략이다.

연어의 혼인색

몸의 색깔이나 형태는 적으로부터 몸을 지킬 때뿐 아니라 동종 생물끼리 커뮤니케이션할 때도 유용하다. 일본에서 연말 선물로 익숙한 백연어는 산란기가 되면 몸 색깔이 변한다. 태어난 강에서 바다로 갈 때는 몸 색깔이 아름다운 은빛이지만, 산란기가 되어 강으로 돌아가면 붉어진다. 넓은 바다에서 강으로 돌아가는 이유는 자세히 알려지지 않았지만, 일설에 따르면 강의 냄새를 기억하기 때문이라고 한다.

강으로 돌아가기 직전의 가을 연어는 몸이 아직 은백색을 띠고 있기에 '은화(銀化)' 상태라고 한다. 강으로 돌아갈 무렵이면 수컷은 코끝이 자라서 열쇠 모양이 되고 몸에는 붉은 세로줄이 나타난다. 수컷은 혼인색이라는 이 붉은 선으로 암컷의 흥미를 끈다.

백연어 수컷은 몸의 일부만 붉어지지만, 홍연어 수컷은 산란기에 접어들면 이름대로 몸의 대부분이 아름다운 붉은색으로 물든다.

그럼 연어는 어떤 방법으로 혼인색을 만들까? 혼인색이 나타나기 전에는 흰색이지만, 바다에서 크릴새우 같은 동물성 플랑크톤을 섭취하면 여기에 함유된 아스타잔틴이라는 물질이 작용하여 근육이 특유의 색으로 물든다. 즉, 연어의 살이 선명한 분홍빛을 띠는 이유는 먹이의 색깔 때문이다.

산란기가 되어 웅성호르몬의 영향으로 아스타잔틴이 표피로 이동하면 암컷과 수컷 모두 붉은 혼인색이 나타난다. 혼인색에 따라 서로가 성숙한 암컷과 수컷임을 판별한 후 산란, 수정한다.

이처럼 동물들은 동종 이성의 관심을 끌 때도 색깔을 솜씨 좋게 이용한다.

미세한 색깔을 구별하는 눈

색상을 구별해야 생존한다

사자의 털이 마른 풀 색깔과 비슷하거나 악어의 피부가 물가의 흙빛을 띠는 것처럼 포식자는 은폐색을 이용하여 먹잇감을 잡는다. 잡아먹히는 쪽도 막상막하다. 물고기의 등이 강바닥의 흙이나 돌과 비슷한 색을 띠는 이유는 위쪽의 적에게 발견되지 않기 위해서다. 동물들은 이러한 전략을 구별하기 위한 눈도 발달시켰다.

많은 동물의 눈은 색깔이나 무늬의 미세한 차이를 구분한다. 우선 사물의 존재를 알기 위해서는 대상과 배경 색의 차이를 구별해야 하는데, 눈의 구조 덕분에 미세한 색상 차이를 구분할 수 있기 때문이다.

다음 그림을 살펴보자. 왼쪽과 오른쪽 사각형 가운데의 작은 회색 동그라미는 색이 같지만, 검은색 안의 회색이 흰색 안의 회색보다 더 밝아 보인다. 검은색과 회색이 같이 있으면 검은색이 더 어둡고

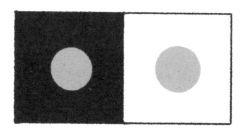

색깔들이 함께 있으면 색상의 차이가 강조되어 보인다.

색깔 비교

회색은 더 밝게 느껴진다. 흰색과 회색이 같이 있으면 흰색은 더 밝게, 회색은 더 어둡게 보인다.

이처럼 색깔들이 함께 있으면 차이가 더 강조되어 보인다. 이런 효과 때문에 사물의 존재가 더욱더 두드러지게 느껴진다.

윤곽선으로 사물의 형태를 파악한다

다른 동물을 발견한 동물은 그것이 천적인지 먹잇감인지 순식간에 판단해야 한다. 가려내는 데 가장 큰 단서는 윤곽이다. 동물의 눈에는 실물보다 윤곽이 더 선명하게 보이기 때문이다.

우리가 그림을 그릴 때 농담을 표현하거나 색을 칠하면 생동감이 살아나는데, 대부분은 윤곽선만 그려도 대상이 무엇인지를 알 수 있다. 그 까닭은 우리 눈이 평소에 색과 색의 경계를 강조해서 보기 때문이다.

이번에는 아래 그림을 살펴보자. 밝기가 다른 5개의 직사각형을 단계적으로 나열했다. 각 직사각형의 색상은 균일하다. 그러나 눈으로 보기에는 경계의 색감이 두드러지고, 하나의 직사각형이 그러데이션된 듯하다. 그 이유는 망막이 밝기의 정보를 변환할 때 명암 경계의 어두운 부분은 더 어둡게, 밝은 부분은 더 밝게 강조하기 때문이다.

우리가 사물의 정체를 판단하는 재료는 색상과 형태다. 약간의 색상 차이를 강조하면 배경 색과의 차이가 뚜렷해진다. 일상생활에

경계의 색감이 두드러지고, 색이 균일한 직사각형의
경계선이 그러데이션된 듯 보인다.

명도의 변연 대비

서 높낮이의 차이를 깨닫거나 텔레비전 영상을 또렷하게 보는 이유도 경계선의 색상 차이를 크게 인식하여 사물의 형태를 파악하기 때문이다.

얼룩말이 등에를 피하는 법

시각의 성질을 잘 이용하는 동물 중 하나는 사바나에 서식하는 얼룩말이다. 얼룩말의 몸에 줄무늬가 있는 이유에 관해 그동안 많은 동물학자가 의견을 제시해왔다. 최근에는 등에로부터 몸을 보호하기 위해서라는 설이 유력해졌다.

등에는 말이나 얼룩말의 피를 빨아 먹는다. 등에 같은 곤충이 많은 지역의 얼룩말은 줄무늬 수가 많고, 피를 빨아 먹는 곤충이 적은 지역에서는 줄무늬 수가 적은 경향이 있다.

영국 브리스틀대학교 팀 카로 교수의 연구팀은 얼룩말 줄무늬가 등에의 공격을 막기 위해 생겼다는 가설을 세우고 실험하여 증명했다. 이들은 말에 흰색과 검은색 줄무늬가 있는 코트를 입히면 흰색이나 검은색의 단색 코트를 입혔을 때보다 등에가 들러붙는 횟수가 적어진다는 사실을 밝혀냈다.

이후 한 일본인 학사도 흰색과 검은색의 줄무늬를 말의 몸에 그려 넣으면 같은 효과가 나타난다는 연구 결과를 발표했다.

흰색과 검은색
줄무늬가 있는 코트

흰색과 검은색 줄무늬 때문에 등에가 제대로 달라붙을 수 없다.

줄무늬의 효과에 관한 실험

줄무늬가 등에의 공격을 막을 수 있는 이유는 아직 명확히 밝혀지지 않았다. 다만 등에가 말에 달라붙을 때의 상황을 조사해보니 줄무늬가 있으면 속도를 줄이지 못하고 충돌하는 경우가 많았다. 아마도 등에의 시력이 나빠서 줄무늬를 흰색과 검은색이 섞인 회색으로 보기 때문인 듯하다. 그래서 말의 몸에 가까워질 때에야 비로소 등에의 눈에 흰색과 검은색 줄무늬가 나타나기 때문에 거리감이 나빠져 착륙할 수 없는 것 같다.

시력이 좋은 맹금류도 볼 수 없는 것

최근 많은 나라가 지구의 환경문제를 해결하기 위해 대형 풍력발전기를 곳곳에 설치함에 따라 조류 충돌도 늘고 있다. 시력이 좋은 맹금류도 높이가 100m를 훌쩍 넘는 거대한 풍력발전기를 피해 갈 수 없는 모양이다. 특히 일본의 천연기념물인 흰꼬리수리가 많이 죽어서 문제가 되고 있다.

새가 풍력발전기에 부딪히는 이유는 하얀 풍차와 하늘을 구별하기 어렵고, 풍차가 시속 200km 이상의 고속으로 회전하기 때문인 듯하다. 비슷한 색의 차이를 순식간에 구별해내기란 쉽지 않다.

또 맹금류가 지상의 사냥감을 찾고 있을 때는 앞을 잘 보지 않기 때문이라는 주장도 있다.

일본은 새가 풍력발전기에 충돌하지 않게 하기 위해 풍차 끝부분을 빨갛게 칠하도록 법률로 규정하고 있지만, 그렇다고 해서 충돌이 줄었다고 할 순 없다. 새들이 쉽게 알아차릴 수 있도록 풍차 일부를 어두운 색으로 칠하는 등의 다른 방법을 고안할 필요가 있다. 자연보호를 위해서라도 반드시 개선해야 하는 사안이다.

움직이는 물체는 두드러져 보인다

깜빡거리는 불빛이 눈에 잘 띄는 이유

동물의 눈은 움직이는 물체에 민감하다. 예를 들어 풀숲에 사자가 숨어 있다는 사실을 알아차리기는 힘들지만, 사자가 움직이면 금방 눈치챌 수 있다. 빛도 마찬가지여서 일상생활을 하다 보면 움직이는 조명이나 자동차 방향 지시등에 저절로 눈이 간다. 우리 눈에는 밝기가 일정한 빛보다 깜빡이는 빛이 더 두드러져 보이기 때문이다.

예전에 우리 연구실에서 0.5초 간격으로 깜빡이는 점멸등과 일반 등을 비교하는 실험을 했다. 연구 결과 점멸등은 밝기가 일반 등의 28% 정도에 불과해도 일반 등만큼 밝게 보였다.

자연계에서 움직이는 것은 대부분 천적 아니면 먹잇감이다. 그때문에 동물들은 움직이는 물체를 보다 민감하게 포착하여 생존 확률을 높여왔다. 자연계에 존재하는 점멸등은 반딧불 정도뿐이지만, 우리 현대인은 LED 같은 인공 광원으로 점멸등을 만들 수 있다. 바

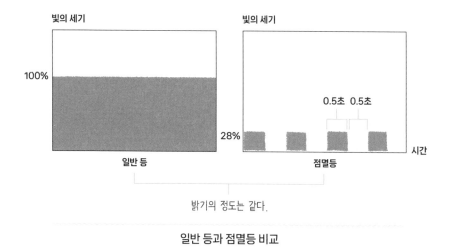

빛의 세기

100%

일반 등

빛의 세기

0.5초 0.5초

28%

점멸등

시간

밝기의 정도는 같다.

일반 등과 점멸등 비교

다의 등대나 높은 빌딩의 옥상에 설치된 빨간색 항공장애등은 항공기가 충돌하지 않도록 막아준다. 이들 모두 눈에 잘 띄는 점멸등이다.

움직이는 물체만 알아차리는 개구리

잘 알려지지 않은 사실인데, 개구리는 움직이지 않는 물체를 인식할 수 없다. 예를 들어 좋아하는 먹잇감이 코앞에 있어도 움직이지 않으면 거기에 있다는 사실을 깨닫지 못한다.

개구리의 눈은 모든 것이 멈춰 있는 배경 안에서 움직이는 것을 먹이로 인식한다. 그래서 움직이는 곤충을 컴퓨터 모니터로 보여주면 먹이로 착각해 잡아먹으려고 한다. 개구리의 눈은 인간과 같은 카메라눈이지만, 정지한 물체를 보는 시력이 매우 낮고 동체 시력만 뛰어나다. 즉, 움직이는 것을 잡는 능력이 특화했다.

개구리는 움직이는 작은 물체를 보면 정면으로 몸을 돌리고 두 눈으로 보며 거리를 잰다. 두꺼비는 혀의 길이가 대략 20cm여서 사정거리가 길지만 먹이를 잡기까지 약 0.03초가 걸린다. 곤충의 겹눈도 움직이는 물체에 매우 민감하지만, 개구리가 혀를 내미는 속도에는 대적할 수 없다.

이런 습성이 있는 개구리를 키운다면 먹이를 주기가 까다롭다. 죽어서 움직이지 않는 먹이는 안 먹으려 하기 때문에 살아 있는 먹이를 주어야 한다. 하지만 죽어 있더라도 움직이면 먹는다. 개구리는 '움직이는 작은 것'은 잡아먹으려고 하는데, '움직이는 큰 것'을 보면 반사적으로 도망치는 습성이 있다. 분명 새나 뱀 같은 천적이 다가왔다고 본능적으로 알아차리기 때문일 것이다.

이처럼 동물들은 효율적으로 먹이를 얻거나 천적으로부터 도망치기 위해 목적과 환경에 알맞은 눈을 개발했다. 다음 장에서는 '빛'을 좀 더 교묘하게 이용하는 동물들의 생존 전략과 시각의 다양성을 살펴보겠다.

과학과 인문학의 벽을 넘는

플루토 책

블로그 https://post.naver.com/plutobooker
페이스북 https://www.facebook.com/plutobooker
인스타그램 https://www.instagram.com/plutobooker
이메일 theplutobooker@gmail.com 전화 070-4234-5134

처음 읽는 2차전지 이야기

탄생부터 전망, 원리부터 활용까지
전지에 관한 거의 모든 것!

2차전지란 여러 번 충전해서 쓸 수 있는 전지이며, 현재는 전기자동차를 움직이는 리튬이온전지가 대세다. 석유를 대신할 미래 에너지원으로서 세계적으로 큰 관심을 모으고 있고, 더 안전하고 더 효율적인 차세대 2차전지를 개발하려는 움직임도 활발하다. 건전지의 탄생부터 2차전지로의 진화, 그리고 차세대 2차전지들을 그림과 함께 꼼꼼하게 소개한다.

시라이시 다쿠 지음 | 이인호 옮김 | 한치환 감수 | 324쪽 | 17,000원

처음 읽는 양자컴퓨터 이야기

양자컴퓨터, 그 오해와 진실
개발 최전선에서 가장 쉽게 설명한다!

★ 2022년 세종도서 교양부문 선정

실제로 양사컴퓨터를 개발하고 있는 젊은 연구자가 쓴 가장 쉬운 양자컴퓨터 안내서. 양자컴퓨터의 원리가 되는 양자역학의 기본부터 양자컴퓨터와 보통 컴퓨터와의 비교, 양자컴퓨터에 대한 여러 오해와 그 진실을 밝히고, 양자컴퓨터의 커다란 가능성을 소개한다. 전문적이고 어려운 설명 없이도 양자컴퓨터를 둘러싼 큰 그림을 제대로 훑으며 보여준다.

다케다 슌타로 지음 | 전종훈 옮김 | 김재완 감수 | 244쪽 | 16,500원

3장

태양빛 넘치는 지구에서 살아남기

인간은 태양빛의 몇몇 파장만 볼 수 있다.
반면 새나 곤충은 자외선, 뱀은 적외선, 꿀벌은 편광을 볼 수 있다.
이 동물들의 눈에는 세상이 어떻게 보일까?

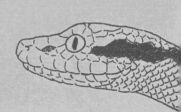

자외선을 감지하는 동물들

보이는 빛, 보이지 않는 빛

우리는 쏟아지는 태양빛 아래서 여러 가지를 보며 생활한다. 그러나 인간은 햇빛의 일부만 감지할 수 있다. 동물은 종마다 눈이 다르기 때문에 감지할 수 있는 빛도 제각각이어서 서로 다른 세계를 본다. 그럼 여러 동물의 눈에는 어떤 풍경이 펼쳐지고 있을까?

먼저 태양빛의 성질과 종류를 살펴보자.

빛은 파도의 성질이 있어서 진자처럼 위아래로 흔들리는 파형을 그리며 멀리까지 전달된다. 파도의 마루에서 다음 마루까지의 길이를 '파장'이라 한다. 이 길이에 따라 색이 다르게 보인다.

사람의 눈에 보이는 빛을 '가시광선'이라고 하며, 파장 범위는 380~780nm다.

가시광선 중에서도 파장이 긴 것은 빨갛게 보인다. 가시광선보다 파장이 긴 전자기파를 '적외선'이라고 하는데, 사람 눈에는 보이지 않는다. 반대로 파장이 짧은 것은 파랗게 보인다. 가시광선보다 파장이 짧은 전자기파는 '자외선'이라고 한다. 파장이 적외선보다 긴 것은 마이크로파와 전파고, 자외선보다 짧은 것은 엑스선이나 감마선 등이다. 가시광선만을 '빛'이라고 부르는 경우가 많지만 여기서는 자외선, 가시광선, 적외선 등도 빛에 포함하겠다.

눈이 빛을 감지할 때는 망막의 시각세포가 빛을 전기신호로 변환하고 그 신호를 바탕으로 뇌가 '빛이 보인다'라고 판단한다. 망막에 빛이 닿는지, 시각세포가 빛을 전기신호로 바꾸는지 여부는 파장에 따라 달라진다.

사람은 가시광선 이외의 빛을 감지할 수 없지만, 가시광선 중 초록색으로 보이는 파장에 대한 민감도가 높다. 사람의 눈은 초록빛을 가장 밝다고 느끼고, 빨간빛이나 파란빛은 그다지 밝게 느끼지 못한

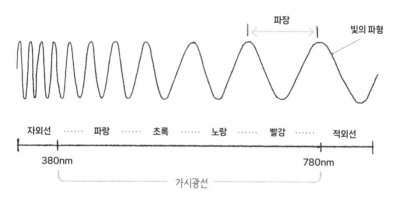

빛의 파장과 가시광선의 범위

다. 아마 태양빛에 초록빛이 많이 들어 있기 때문일 것이다. 파장이 짧은 파란빛만 닿는 깊은 바닷속에 사는 물고기는 파란빛에 대한 민감도가 높고, 파장이 긴 빨간빛은 보지 못한다.

자외선을 이용한 커뮤니케이션

어떤 동물은 인간이 볼 수 없는 자외선을 선명하게 감지한다.

초봄이 되면 흰나비 수컷이 짝짓기를 위해 암컷을 쫓아다닌다. 배추흰나비는 수컷과 암컷의 날개 모양이 비슷해서 겉모습만으로는 구별하기 어렵지만, 자신들끼리는 명확히 구분한다. 자외선을 이용하여 상대의 성별을 파악하기 때문이다.

배추흰나비의 날개는 비늘로 덮여 있는데, 수컷과 암컷의 비늘 구조가 다르다. 암컷의 비늘 가루는 자외선을 반사하지만 수컷의 비늘 가루는 자외선을 흡수하기 때문에, 자외선을 감지하는 배추흰나비의 눈은 수컷과 암컷을 쉽게 구별한다. 아마도 수컷보다 암컷의 색이 더 밝아 눈에 띄는 것 같다. 끝주홍큰흰나비 같은 나비들도 암컷과 수컷을 자외선으로 구별한다.

배추흰나비와 마찬가지로 밀잠자리도 자외선을 감지한다. 밀잠자리 수컷은 성숙하면 왁스를 분비하여 온몸이 희끗희끗한 하늘색으로 변한다. 이 왁스가 자외선을 잘 반사하기 때문에 암컷은 수컷을 쉽게 찾을 수 있다. 특히 등 쪽이 자외선을 많이 반사해서 짝짓기 시기가 되면 서로를 잘 알아본다고 한다.

이렇듯 자외선은 곤충의 생식에 무척 중요하다.

자외선을 활용하는 생물은 곤충뿐만이 아니다. 들판의 꽃들도 자외선을 쉽게 감지하는 곤충의 눈을 이용한다. 자연계에 있는 꽃의 약 3분의 1은 색깔이 흰색이다. 많은 흰색 꽃이 자외선을 잘 반사하는 플라본과 플라보놀이라는 색소를 함유하고 있다. 이 현상에 의지하여 곤충들은 꽃의 꿀을 찾는다. 곤충들이 꽃가루를 운반해주면 꽃은 많은 자손을 남길 수 있다. 꽃과 달리 초록색 잎 부분은 자외선을

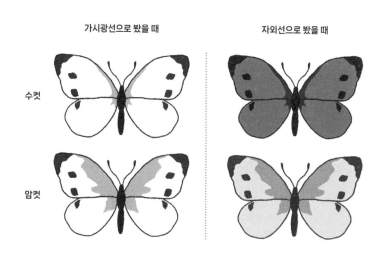

자외선을 감지하는 배추흰나비의 눈에는 수컷보다 암컷이 밝게 보인다.

자외선으로 암수를 구별하는 배추흰나비

반사하기 어려우므로 곤충의 눈에는 흰 꽃이 더 선명하게 보인다.

까마귀는 쓰레기봉투 안을 꿰뚫어 본다고?

조류인 까마귀의 눈도 곤충처럼 특별한 기능이 있다. 인간 눈의 각막이나 수정체는 자외선이 망막에 닿기 전에 흡수한다. 반면 새 눈의 각막이나 수정체는 자외선을 투과하므로 망막까지 닿는다.

즉, 새의 눈은 가시광선뿐만 아니라 자외선도 선명하게 본다. 실제로 연구자들이 까마귀의 눈에서 빨강, 초록, 파랑 외에도 자외선을 구별하는 시각세포를 발견하고 있다.

도시에 사는 까마귀의 주요 먹이는 사람이 내놓은 음식 찌꺼기인데, 이들은 후각이 둔해서 대부분 시각에 의지하여 먹이를 찾는다. 이른 아침에 까마귀가 쓰레기봉투를 뒤지는 경우가 많은데, 이들은 자외선 반사 덕분에 반투명한 쓰레기봉투 안을 볼 수 있다. 반투명해서 사람의 눈은 내용물을 잘 보지 못하지만 까마귀는 속속들이 꿰뚫어 보는 것이다.

예전에 까마귀들이 쓰레기봉투를 찢어 헤집어놓는 피해가 자주 나타나 사회문제가 된 적이 있다. 이때 제시된 여러 해결책 중 그물을 씌우는 방법이 가장 쉽고 효과적이라고 밝혀졌다. 쓰레기봉투에 부리가 들어가지 않을 정도로 촘촘한 그물망을 씌우고 가장자리에

추를 달면 뜨기 어려워진다.

　그 밖에 자외선이 투과하지 못하는 도료를 칠한 쓰레기봉투도 나왔다. 음식물 쓰레기를 담는 노란 쓰레기봉투에는 자외선을 차단하는 특수 도료가 사용된다.

　음식물 쓰레기봉투가 노란색이니 일부 사람들은 노란색이 까마귀를 쫓는다고 생각해서 노랑 그물을 사기도 하지만, 조사 결과에 따르면 다른 색 그물과 큰 차이가 없다. 즉, 색깔이 아니라 자외선이 통과하지 못하는 도료가 들어 있느냐가 중요하다.

사람의 눈과 자외선

형광색이 빛나는 이유

사람은 자외선을 직접 확인하기 어렵지만, 자외선을 이용하여 특별한 색상을 연출할 수 있다.

예를 들어 노란색 형광펜으로 그린 선은 어째서 더 밝아 보일까? 노란색 형광펜에 함유된 형광물질이 자외선을 흡수하여 노랗게 발광하기 때문이다. 시선을 끌기 위해 붙이는 형광 테이프도 자외선을 흡수하여 가시광선을 발광하는 성질이 있는데, 맑은 날보다 흐린 날에 더 선명해진다.

왜냐하면 날씨가 흐려도 자외선의 양은 거의 줄어들지 않으므로 가시광선이 적은 만큼 자외선의 비율이 높아지기 때문이다. 우리 주변의 사물은 단순히 가시광선을 반사하지만, 형광도료나 형광물질을 함유한 사물은 가시광선을 반사하는 동시에 자외선을 흡수하여 가시광선으로 발광하므로 다른 사물보다 많은 빛을 반사하기 때문에

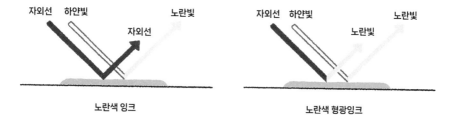

형광잉크는 자외선을 흡수하여 발광한다.

자외선을 가시광선으로 발광하는 형광물질

더 밝게 보인다.

일반 사물과 다르게 반사되는 형광물질은 눈에 부자연스러운 색으로 보이기 때문에, 형광펜이나 테니스공 등 주의를 끌어야 하는 사물에 많이 사용된다.

흰색을 더 하얗게 만드는 형광물질

우리 눈에 보이는 종이는 대부분 흰색이다. 그 이유는 종이에 형광표백제를 사용했기 때문이다. 종이의 원료인 펄프는 원래 갈색이지만 표백해서 하얗게 만든다. 하지만 표백해도 노란색을 약간 띠기 때문에 새하얗게 만들기 위해 형광표백제를 사용한다.

서로 뒤섞으면 하얀색이 되는 색을 보색이라고 하는데, 노란색의 보색은 파란색이므로 파란색 형광표백제를 섞어 하얗게 보이도록 한다.

흰색 종이와 마찬가지로 새하얀 셔츠에도 형광표백제가 사용된다. 하얀 셔츠가 점점 누렇게 되는 이유는 때가 묻기 때문일 수도 있지만, 여러 번 세탁하면 형광표백제의 효과가 떨어지기 때문이기도 하다. 일반 세제에 들어 있는 형광표백제는 흰색을 보존해준다.

하야면 하얄수록 사람들이 깨끗하다고 느끼기 때문에 수많은 제품이 흰색을 더욱더 하얗게 만드는 형광물질을 많이 사용하고 있다.

보이지 않는 것을 적외선으로 본다

적외선을 보는 뱀

적외선은 우리가 볼 수 있는 파장인 780nm의 빛보다 파장이 길다. 적외선은 지상에 내리쬐는 태양빛의 약 42%를 차지하지만 대부분의 동물은 보지 못한다.

왜냐하면 태양빛뿐만 아니라 동물의 몸이나 한낮의 지표 등 온도가 높은 물체의 표면에서도 적외선이 나오기 때문이다. 물체의 표면이 온도에 따라 파장이 다른 전자파를 방출하는 이 현상을 열복사라고 한다.

체온에 따라 동물이 방출하는 적외선은 온도 기록계(thermograph) 등을 통해 눈으로 확인할 수 있다. 온도가 높을수록 적외선이 많이 방출된다. 항온동물 등은 안구 속도 따뜻하기 때문에 외부에서 들어오는 약간의 적외선을 포착하여 사물을 보기가 어렵다. 그 때문에 일반적인 동물은 적외선을 감지하는 센서가 없다.

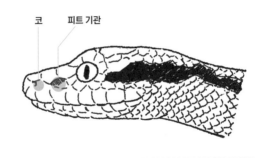

코 　 피트 기관

뱀은 피트 기관으로
적외선을 감지한다.

뱀의 피트 기관

하지만 기온의 영향을 받기 쉬운 변온동물 중 일부는 적외선을
볼 수 있다. 바로 비단뱀, 방울뱀, 살무사, 반시뱀 등이다. 뱀은 기온
이 내려가면 스스로 발하는 적외선의 양이 줄어들기 때문에 외부의
적외선을 감지할 수 있다.

뱀은 눈과 코 사이에 있는 '피트 기관'이란 구멍으로 적외선을
감지한다. 피트 기관은 배상안(25쪽 참고)과 구조가 비슷하다. 구멍 바
닥에는 적외선을 포착하는 세포가 늘어서 있다. 밤에는 뱀의 먹잇감
인 항온동물의 체온이 외부 기온보다 높아지기 때문에 소형 포유류
와 조류가 내뿜는 적외선을 어둠 속에서도 탐지할 수 있다. 뱀은 피
트 기관으로 먹잇감의 존재뿐만 아니라 형태와 거리도 인지한다.

보이지 않는 글자 읽기

인간은 적외선을 볼 수 없지만, 많은 분야에 적외선에 관한 기술을 사용하고 있다. 그중 하나는 목간이라는 나무패에 적힌 글자를 해독하는 일이다. 목간은 종이가 귀했던 나라시대나 헤이안시대에 관공서들이 연락을 주고받는 도구나 공물에 붙이는 꼬리표로 사용한 나무 조각이다. 목간 중에는 역사적 가치가 높은 것이 많다.

헤이안시대의 궁에서 수십만 점이나 출토된 목간은 해독하기 어려운 것이 대부분이다. 먹으로 쓰인 글씨가 긴 세월 동안 나무에 스며들었기 때문이다. 더욱이 땅속에 묻혀 있었기 때문에 나무가 까맣게 변색되어 분간하기 힘들다.

이러한 문자를 해독할 때는 적외선을 포함한 광원이나 LED 적외선 투광기 등을 사용한다. 적외선은 먹의 주요 성분인 탄소에 흡수되는 성질이 있다. 적외선을 비추면 오염된 표면을 투과하므로, 나무 속에 스며든 글자만 적외선 카메라에 검게 보인다. 눈에 보이지 않는 빛을 이용하여 보이지 않는 글자를 보이게 하다니 그 발상과 기술이 놀라울 따름이다.

편광으로 태양의 위치를 안다

자연광과 편광

지금까진 빛의 파장을 이용하는 동물을 소개했다. 이 밖에도 파장뿐 아니라 '빛의 파동이 진동하는 방향'을 감지하는 동물도 있다.

'빛의 파동이 진동하는 방향'이란 무슨 뜻일까? 빛은 파동으로 전해지는데, 파동에는 진동하는 방향이 있다. 다음 그림처럼 진행 방향과 수직으로 진동하는 파동을 '횡파', 진행 방향과 같은 방향으로 진동하는 파동을 '종파'라고 한다. 소리는 종파고, 빛은 수면에 생기는 파동처럼 진행 방향과 수직으로 진동하면서 나아가는 횡파다.

태양빛은 상하좌우뿐 아니라 모든 방향으로 진동하는 횡파가 섞여 있다. 이것을 '자연광(비편광)'이라고 한다. 반대로 진동 방향이 일정한 빛을 '편광'이라고 한다. 자연광이 닿은 수면이나 유리 등이 특정 진동 방향의 빛을 많이 반사하면 부분적 편광이 되는데, 인간의 눈은 편광 여부를 분간할 수 없다. 하지만 몇몇 동물은 편광을 감지한다.

횡파

종파

횡파는 진행 방향과 수직으로 진동하고,
종파는 진행 방향과 같은 방향으로 진동한다.

횡파와 종파

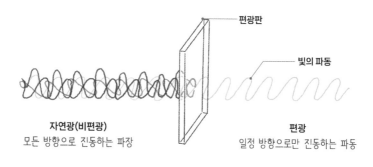

편광판

빛의 파동

자연광(비편광)
모든 방향으로 진동하는 파장

편광
일정 방향으로만 진동하는 파동

자연광이 편광판을 통과해 편광하는 모습

길을 잃지 않는 꿀벌

편광을 볼 수 있는 대표적인 동물은 꿀벌이다. 꿀벌은 꽃의 꿀을
찾아 보금자리에서 2km 이상 떨어진 곳까지도 가지만 헤매지 않고

보금자리로 돌아올 수 있다. 눈이 겹눈 구조이기 때문이다.

겹눈을 구성하는 낱눈의 시각세포는 특정 방향으로 진동하는 빛에 민감하다. 하늘의 파란색은 햇빛이 공기 중의 분자 등에 닿아 반사되어 나타나기 때문에 겹눈으로 보면 편광을 확인할 수 있다.

예를 들어 우리 눈에는 오전 10시와 오후 2시의 하늘이 비슷해 보이지만, 꿀벌은 오전 10시와 오후 2시의 하늘에서 각각 다른 편광 패턴을 본다. 그리고 공기 중 분자에 빛이 닿는 각도에 따라 빛의 반사되며 진동하는 방향이 다르기 때문에, 이 편광 패턴의 차이를 통해 태양의 위치를 정확히 알 수 있다. 날씨가 흐려도 태양의 위치에 따라 편광 패턴이 다르므로 꿀벌은 방향을 잃지 않는다.

보금자리로 돌아간 꿀벌은 날개를 위아래로 떨고 엉덩이를 좌우로 떠는 일명 '8 자 춤'을 춘다. 태양의 방향과 꽃의 방향 사이의 각도를 8 자 춤으로 표현하여 꿀이 있는 곳을 알리는 것이다. 꿀벌은 이 놀라운 능력을 통해 꿀이 가득한 꽃이 있는 곳의 정보를 동료들과 효과적으로 공유한다.

꿀벌뿐 아니라 겹눈을 가진 많은 곤충과 갑각류가 편광을 감지할 수 있다.

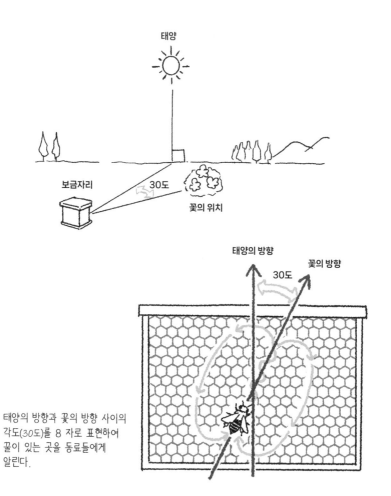

태양

보금자리   30도   꽃의 위치

태양의 방향   꽃의 방향
30도

태양의 방향과 꽃의 방향 사이의
각도(30도)를 8 자로 표현하여
꿀이 있는 곳을 동료들에게
알린다.

꿀이 있는 곳을 알려주는 꿀벌의 8 자 춤

빛을 좇는 자와 피하는 자

주광성 동물

많은 생물이 살아남기 위해 빛을 이용하는 방법은 무궁무진하다. 예를 들어 곤충은 빛에 반응하여 이동하는 '주광성'이 있다. 주광성에는 빛으로 향하는 성질인 '양의 주광성'과 빛에서 멀어지려는 성질인 '음의 주광성'이 있다.

"불 속으로 날아드는 여름벌레"(스스로 위험한 곳에 뛰어들어 화를 입는다는 뜻의 일본 속담—옮긴이)라는 말도 있듯이 벌레와 물고기는 대부분 빛으로 향하는 양의 주광성을 띤다. 밤길 가로등에 모여드는 나방 등의 벌레가 대표적인 예다. 주광성을 이용하기 위해 어화 또는 집어등이라고 불리는 등불을 어선 위에 켜면 불빛 아래 모여드는 오징어 등을 잡을 수 있다. 특히 동갈치라는 물고기는 빛을 향해 돌진하는 성질이 있다. 동갈치는 주둥이가 뾰족해서 밤에 어선의 등불로 날아와 사람 몸에 박힐 수 있으므로 주의해야 한다.

양의 주광성을 띠는 생물은
빛으로 향한다.

음의 주광성을 띠는 생물은
빛에서 멀어진다.

양의 주광성과 음의 주광성

반면 지렁이나 플라나리아 등은 빛에서 멀어지려는 음의 성질
이 있어서 어두운 곳을 좋아한다. 건조함에 취약해 땅속에 사는 지렁
이는 빛이 닿는 땅 위를 피하고자 음의 주광성을 띤다. 플라나리아는
포식자의 눈에 띄지 않도록 돌 뒤편 같은 어두운 곳에 숨어 산다.

이처럼 생물은 밝기의 차이를 감지하여 환경이 안전한지를 판
단한다.

어두운 곳과 밝은 곳을 오가는 곤충

여름에 연못이나 논에서 흔히 볼 수 있는 소금쟁이는 몸이 무척 가볍고 발끝에서 기름이 나오기 때문에 물 위에 뜰 수 있다. 소금쟁이는 활동기인 봄과 여름에는 양의 주광성을 띠고, 10~11월이 되면 음의 주광성을 띠는 신비한 성질이 있다. 성충 상태로 겨울을 나는 소금쟁이는 봄에서 여름에는 양의 주광성에 따라 월동 장소였던 어두운 육지에서 떠난다. 이후 포식이나 번식 등을 위해 밝은 수면으로 이동한다. 10~11월에는 음의 주광성에 따라 밝은 수면에서 휴면 장소인 어두운 육지로 이동한다.

이처럼 주광성이 변화하는 데 큰 영향을 미치는 요인은 기온과 낮의 길이다. 여름철에 온도가 낮은 곳으로 소금쟁이를 옮기면 양의 주광성에서 음의 주광성을 띠고, 겨울에 온도가 높은 곳으로 옮기면 양의 주광성을 띤다는 사실이 실험을 통해 밝혀졌다.

예로부터 명주실을 얻기 위해 길러온 누에도 주광성이 바뀌는 동물이다. 누에 유충은 보통 양의 주광성에 따라 밝은 장소로 이동하지만, 뽕잎을 먹으면 뽕잎에 머물기 위해 주광성을 잃고 이동을 중단한다. 마찬가지로 탈피 직후에도 주광성을 잃는데, 먹이인 뽕잎이 사라지면 다시 양의 주광성을 띠며 이동한다.

여름철 주방에서 흔히 볼 수 있는 초파리도 성장 단계에 따라 주광성이 달라진다. 자연에서는 익은 과일 등을 먹기 때문에, 유충 때는 과일 속으로 들어가기 위해 음의 주광성을 띤다. 그런데 자라서 번데기가 될 무렵에는 어둡고 습한 과일 속에서 밝고 건조한 곳으로 이동하기 때문에 양의 주광성을 띤다.

이러한 곤충들은 몸속의 주광성을 이용하여 계절이나 성장 단계에 따라 빛으로 향하거나 멀어지면서 생존 확률을 높인다.

빛으로 유인한다

반짝이는 버섯

　자연에는 주광성이 있는 곤충을 이용하여 스스로 빛을 내는 생물도 있다. 예를 들어 빛을 내는 버섯은 70여 종인데, 일본에는 그중 13종이 있다. 특히 받침애주름버섯이 가장 밝은 빛을 낸다. 이들의 빛은 일반 버섯에도 있는 히스피딘이라는 물질과 빛을 내는 버섯에만 있는 효소가 반응하여 발생한다.

　빛을 내는 데는 상당한 에너지가 들기 때문에 분명 목적이 있을 테지만, 이유는 아직 밝혀지지 않았다. 독이 있다고 빛으로 경고하여 동물이 먹지 못하게 하기 위해서라는 등 여러 설이 있지만, 버섯을 먹는 곤충을 유인하기 위해서라는 설이 가장 신빙성 있다.

　벌레의 양의 주광성을 이용해 버섯을 먹도록 유인하면 포자가 멀리 운반되므로 자손을 많이 퍼뜨릴 수 있다. 실제로 버섯을 먹은 벌레의 배설물을 조사해보니 포자가 소화되지 않고 남아 있었다.

빛을 이용한 커뮤니케이션

빛을 감지하는 데 그치지 않고 스스로 빛을 내는 동물도 많다. 예를 들어 발광하는 곤충인 반딧불이는 전 세계에 2,000여 종이 있다. 그중 40여 종이 일본에 서식하고 있다. 일본에서는 겐지반딧불이(학명 *Luciola cruciata*)와 헤이케반딧불이(학명 *Luciola lateralis*)가 유명하다. 겐지반딧불이는 5~7월경 깨끗한 강변에서, 헤이케반딧불이는 7~8월경 물이 잔잔한 논이나 연못 등지에서 관찰할 수 있다.

반딧불이는 번식기가 되면 수컷과 암컷이 광신호를 주고받기 위해 빛을 발한다. 종류에 따라 빛의 색, 발광 간격, 나는 방법, 빛의 세기가 조금씩 다르다. 겐지반딧불이는 곡선을 그리듯 날면서 2~4초에 1번씩 노란빛을 강하게 내뿜고, 헤이케반딧불이는 직선으로 날면서 1초에 1번씩 노란빛을 약하게 낸다. 그 밖에도 노란빛을 내는 히메반딧불이(학명 *Luciola parvula*)나 오렌지빛을 내는 신비한 반딧불이도 있다.

종마다 빛을 내는 방식이 다른 이유는 뭘까? 깜빡이는 빛에 민감하기 때문에 그 차이를 통해 같은 종을 발견하기 위해서다. 반딧불이의 발광은 몸속에서 생성되는 루시페린이라는 발광 물질과 발광을 돕는 루시페라아제라는 효소가 화학반응하여 일어난다. 성충만 빛을 낼 것 같지만 유충이나 번데기도 약한 빛을 낸다.

반딧불이와 같은 효소를 이용하여 빛을 내는 동물로 매오징어와 갯반디 등이 있다. 이들은 천적을 위협하거나 위장 및 번식하는 데 빛을 이용한다고 한다.

이처럼 세상에는 화학반응으로 빛을 내는 생물체가 수만 종이나 있다. 바다에는 발광 박테리아라는 세균과 공생하여 파란빛을 내는 생물이 많은데, 초롱아귀가 대표적이다.

바다에는 파란빛을 내는 생물이 많고, 육상에는 초록빛을 내는 생물이 많다. 바닷속에서는 파장이 긴 빛은 흡수되므로 파장이 짧은 파란빛이 나타나기 때문이다.

깊은 바닷속 동물의 눈

어두운 심해의 생물

동물 종들이 세상을 보는 방식은 어떤 빛을 어떻게 감지하느냐에 따라 크게 다르다. 그래서 이번에는 빛 환경에 따라 동물의 시각이 어떻게 달라지는지 이야기하려 한다. 이를테면 빛이 거의 들지 않는 수심 200m 이상의 심해에 사는 동물은 세상을 어떻게 바라볼까?

우선 심해의 빛 환경을 살펴보자. 잠수정을 타고 깊이 잠수하면 물속 빛이 청록색에서 파란색으로 바뀐다. 파장이 긴 빨간빛, 노란빛, 초록빛은 물에 쉽게 흡수되고, 수심 수백 m 깊이까지 도달할 수 있는 빛은 옅은 파란색뿐이기 때문이다. 실제로 하얀 태양빛에서 붉은색을 제거하면 청록색이 되고, 노랑이나 초록색을 제거하면 파란색이 된다.

수심 200m보다 깊은 심해는 빛의 세기가 수면의 약 100분의 1밖에 되지 않는다. 밤에 도로 조명이 노면을 비추는 평균 밝기와 비숫한 수준이다. 수심 1,000m 정도까지는 태양빛이 조금 들어오지만 1,000m가 넘는 곳은 암흑세계다. 깜깜할 뿐만 아니라 수온도 거의 변하지 않는다. 시간이 흐르고 계절이 바뀌어도 환경이 거의 변하지 않는다.

이처럼 특수한 환경에 사는 심해 생물들은 약간의 빛에 의지하여 먹이를 찾는다. 그래서 대다수 심해 동물은 몸집에 비해 눈이 무척 크다. 그중에서도 으뜸은 대왕오징어다.

대왕오징어의 눈은 지름이 약 20cm로 배구공 크기에 가깝다. 사람과 비교하면 눈은 10배, 체적은 1,000배 정도에 달한다. 그 때문에 빛이 거의 없는 수심 600~1,000m의 심해에서도 어느 정도 물체를 보고 먹잇감을 찾거나 천적인 고래를 멀리서도 발견할 수 있다.

눈이 크면 클수록 많은 빛을 흡수할 수 있기 때문에 어두워도 시력을 유지할 수 있다. 고양이나 안경원숭이 등 야행성 동물이 머리 크기에 비해 눈이 큰 이유는 그 때문이다.

빛을 반사하는 휘판

심해 동물의 눈은 육상동물과는 다르게 독자적으로 진화했다. 대왕오징어는 눈의 동공이 무척 커서 많은 빛을 흡수할 수 있다. 게다가 빛을 느끼는 시각세포에도 밝기에 민감한 '간상세포'(144쪽 참고)

가 많나.

대왕오징어의 간상세포는 파란빛의 파장에 가장 민감해서 심해의 미미한 빛을 효과적으로 사용한다. 또한 망막에 있는 간상세포의 층이 단층이 아니라 다층인 종은 1층에서 빠져나간 빛을 2층이나 3층에서 감지하기도 한다.

금눈돔의 안구는 그림처럼 가장 안쪽에 망막이 있고 바로 바깥쪽에 '휘판'이라는 반사판이 있다. 망막을 빠져나온 빛을 휘판에서 한 번 반사한 다음 망막으로 되돌리기 때문에 적은 빛이라도 동공으로

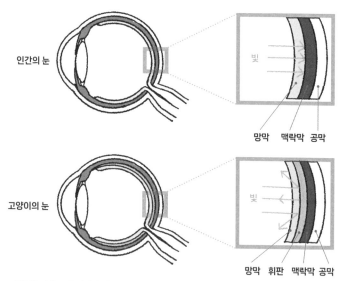

금눈돔이나 고양이의 눈은 망막을 통과한 빛을 휘판에서
반사하기 때문에 적은 빛도 효과적으로 활용한다.

휘판의 구조

들어오면 놓치지 않고 효과적으로 활용한다.

심해어의 눈이 빛나는 이유는 휘판에 닿은 빛이 반사되기 때문이다. 버드비크 독피시(Birdbeak dogfish)처럼 심해에 서식하는 상어의 눈은 휘판 때문에 금색으로 빛난다. 심해어뿐만 아니라 고양이 같은 야행성 동물도 이런 반사판이 있다. 심해어는 휘판 때문에 눈의 민감도가 높지만 사물을 자세히 보지는 못한다. 또한 눈이 크지만 시력은 좋지 않다.

스스로 빛을 내는 심해 생물

두더지처럼 동굴이나 땅속에 사는 동물 대부분은 눈이 퇴화했는데, 빛이 닿지 않는 심해 생물의 눈은 어떻게 발달했을까? 암흑 속에서 어떻게 적과 먹이를 감지할까?

심해에 사는 대부분의 동물은 스스로 빛을 내서 먹잇감을 찾거나 유인한다. 예를 들어 초롱아귀는 머리에 작대기 같은 것이 있고, 그 끝에 가짜 먹이가 달려 있다. 이 가짜 먹이를 빛나게 하여 사냥감인 작은 물고기를 유인한다.

또한 심해는 빨간빛이 닿지 않기 때문에 이곳 동물은 빨간빛을 인식할 수 없다. 실제로 사람이 흰색 전등을 비추면 경계하며 도망치지만, 빨간빛을 비추면 알아차리지 못하기 때문에 계속 촬영할 수 있다.

드래건피시(Dragonfish)라는 물고기는 이런 성질을 이용하여 포식 활동을 한다. 눈 밑에서 빨간빛을 내는 발광기로 사냥감을 비추어 크고 이빨이 날카로운 입으로 잡아먹는다. 드래건피시는 빨간빛을 볼 수 있지만 다른 동물은 보지 못하기 때문에 이 빛으로 사냥감을 찾는다. 번식기에도 빨간빛을 이용하는 듯하다.

이처럼 심해 생물들도 각 종마다 다른 세상을 보며 살아간다.

전기로 사냥한다

전기를 만드는 물고기

빛을 감지하진 못하지만 눈 대신 특수한 능력으로 장애물을 인식하고 먹이를 잡는 동물이 있다. 바로 전기어다. 전기어에는 민물에 서식하는 종과 바다에 서식하는 종이 있다. 이들은 플러스 전기를 띤 나트륨 이온을 흡수하여 전기를 발생시켜 먹잇감을 먹는다.

수심 50m에 달하는 연안의 모랫바닥에 사는 전기가오리도 바다에 서식하는 전기어다. 작은 물고기에 전기 충격을 가해 마비시켜 잡아먹는다. 전기어는 어떻게 물속에서 전기를 만들까?

전기 만드는 시스템을 이야기하기에 앞서 학창 시절에 배운 과학을 예로 들어 설명하겠다.

건전지 1개의 전압은 1.5볼트인데, 2개를 세로로 직렬 연결하면 전압은 3볼트가 된다. 여기에 1개를 더해 3개를 직렬 연결하면 4.5볼트다. 즉, 건전지를 직렬로 많이 연결하면 높은 전압을 만들 수 있다.

마찬가지로 전기어의 세포 하나가 생성하는 전기는 약하지만, 이 세포들을 연결하면 전압이 더욱 강해져 강한 전기를 만들어낼 수 있다.

전기어뿐만 아니라 다른 동물도 근육세포에서 전기를 발생시킬 수 있지만 전압이 미약하다. 전기뱀장어의 발전기관은 전기를 발생시키는 세포를 수천 개씩 늘리는 특수한 방법으로 강한 전기를 만든다.

남아메리카 아마존강 등지에 사는 전기뱀장어의 최대 전압은 800볼트에 이른다. 일본 가정에서 사용하는 콘센트의 전기가 100볼트인 점을 생각하면 전압이 8배나 높다. 강한 전기로 자신을 방어하고 적을 공격하는 물고기를 강전기어라고 하는데, 전기뱀장어 외에 전기메기와 전기가오리 등이 있다.

전자계를 만드는 약전기어

한편 약한 전기를 발생시켜 물속에 '전자계'를 만드는 물고기를 약전기어라고 한다. 전기장과 자기장을 아울러 이르는 전자계는 전기가 있는 곳 주위에 생긴다. 먹잇감이 다가오거나 장애물이 있으면 전자계의 세기가 변화한다. 약전기어는 그 변화를 몸의 표면에서 감지하여 먹잇감과 장애물을 찾아낸다. 말하자면 전자계를 레이더처럼 사용하여 주변을 탐색한다.

약전기어에는 얼룩통구멍과 김나르쿠스 등이 있다. 강전기어

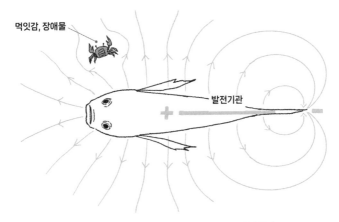

먹잇감, 장애물

발전기관

전기를 발생시켜 전자계를 만들고 레이더처럼 활용한다.

전자계를 만드는 약전기어

인 전기뱀장어도 보통 때는 약한 전기를 사용하는 약전기어다. 이 물고기들은 전기로 주위를 탐색할 수 있지만 그 대신 시력은 강한 빛에 반응하는 정도에 그친다.

전기뱀장어의 동료 나이프피시(학명 *Gymnotus tigre*)는 같은 종이 접근하면 각자의 전기신호가 방해받지 않도록 주파수를 오르락내리락하며 혼선을 피한다. 또한 공격이나 구애, 산란을 할 때 전기신호를 갑자기 멈추거나 격렬하게 주파수를 높여 상대에게 알린다.

이렇듯 약전기어의 전자계는 먹이 탐색뿐만 아니라 동료와 커뮤니케이션하는 데도 중요하다.

주둥이로 전기를 감지하는 오리너구리

주둥이가 오리 부리처럼 생긴 오리너구리라는 동물을 본 적 있을 것이다. 처음 발견되었을 때 표본을 본 학자들은 특이한 생김새에 놀라 수달 모피에 오리 부리를 붙인 가짜라고 생각했다고 한다. 신체 구조는 파충류와 비슷해서 알을 낳지만, 젖을 먹여 새끼를 키우기 때문에 포유류로 분류된다. 파충류와 포유류의 딱 중간에 있는 신기한 동물이다.

오리너구리는 오스트레일리아에 산다. 나무가 우거진 강가에 굴을 파서 보금자리를 만들고, 밤이 되면 물속의 새우나 벌레, 조개 등을 잡아먹는다. 학자들은 포식 활동하는 오리너구리가 물속에서 눈과 귀를 닫고 있는 모습을 발견했다.

오리너구리는 어두운 물속에서 어떻게 먹이를 찾을까?

오리너구리의 주둥이에는 작은 구멍들이 뚫려 있는데, 여기에 전기를 감지하는 기관이 있다. 이 기관으로 생물의 몸에서 나오는 미세한 전기를 감지한다.

이처럼 특별한 오리너구리의 능력은 1986년 독일 헤닝 샤이히 박사의 연구팀이 우연히 발견했다. 샤이히 박사가 실수로 전지를 수조에 떨어뜨렸는데, 오리너구리가 흥분하며 주둥이로 전지를 밀어냈다고 한다. 이 일을 계기로 자세히 조사한 연구팀은 오리너구리에게 전기를 감지하는 능력이 있다는 사실을 밝혀냈다. 밤에 물속에서 활동하는 동물만 진화시킨 특징이다.

　동물들의 세계에는 환경에 적합하도록 눈을 독자적으로 진화시키거나 기능을 보조하는 특수한 능력을 획득한 생물이 많다. 또한 그 수만큼 세상을 보는 방법도 다양하다. 다음 장에서는 이처럼 신비한 시각의 세계로 한 걸음 더 나아가자.

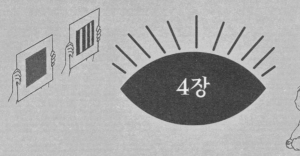

인간은 어디까지 볼 수 있을까

다른 동물과 달리 인간은 어느 정도까지 볼 수 있을까?
그리고 어느 정도의 범위까지 지각할까?
눈의 구조가 다르면 눈부신 정도나 구분할 수 있는 색상의 수도 달라진다.
여기서는 인간이 '보는 범위'를 살펴보자.

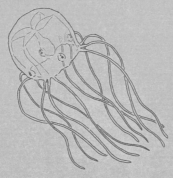

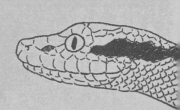

인간 시력의 한계는 어느 정도일까

말 못하는 아기의 시력검사

아기는 뇌가 미성숙한 상태로 태어나고 시력이 다른 동물에 비해 느리게 발달한다. 태어난 지 얼마 되지 않은 아기의 시력은 0.02 정도다. 시력검사표 맨 위의 C처럼 생긴 란돌트 고리의 뚫린 방향을 판별할 수 있는 시력은 0.1이다. 아기의 시력은 란돌트 고리가 5배쯤 커야 구분할 수 있는 수준이다.

다시 말해 자신을 안고 있는 엄마의 눈과 코의 위치를 간신히 인식하는 정도다. 주변 사물은 그저 희미하게 보일 뿐이고 색도 잘 구분하지 못한다.

그렇다면 말을 못하는 아기의 시력은 어떻게 측정할까?

첫 시력검사를 하는 시기는 3세 아동 검진 때(한국에서는 보통 생후 42~48개월 구간의 5차 영유아 건강검진 때 처음 시력을 검사한다-옮긴이)다. 단, 아기가 일상에서 이상하게 행동하면, 목을 가눌 수 있는 생후 3개

아기의 눈에는 줄무늬 판이 두드러지기 때문에
줄무늬를 판별할 수 있는지 여부로 시력을 잰다.

아기의 시력검사

월 무렵부터 시력검사를 할 수 있다.

아기의 시력을 잴 때는 시력검사표 대신 줄무늬가 있는 판을 사용한다. 흑백 줄무늬가 그려진 판과 아무것도 그려지지 않은 회색 판을 동시에 보여주며 반응을 확인한다.

아기의 눈에는 줄무늬 판이 더욱 눈에 띄기 때문에 보통 그쪽을 쳐다본다. 그리고 줄무늬의 폭을 조금씩 줄이면 회색 판과 거의 구별되지 않으므로 둘 다 같은 빈도로 바라본다.

즉, 줄무늬의 폭으로 시력을 측정한다. 예를 들어 30cm 거리에서 4mm 폭의 줄무늬를 판별하면 시력은 0.02다.

사람의 시력이 2.0을 넘기 힘든 이유

생후 2~3개월령이 되면 시력이 발달해서 부모의 얼굴을 어느 정도 알아본다. 손바닥으로 얼굴을 가렸다 보여주며 '까꿍' 하면 까르르 웃는다. 생후 3~4개월령에는 한곳을 가만히 응시하는 '주시(注視)'와 움직이는 물건을 눈으로 좇는 '추시(追視)'가 가능해진다. 생후 6개월령부터는 엄마가 보이지 않으면 울고, 낯선 사람에게 안겨도 울음을 터뜨리는 낯가림을 한다.

시력이 0.1을 넘으면 엄마와 다른 사람의 얼굴을 구별할 수 있기 때문에 낯을 가린다. 아기는 이 무렵부터 색깔과 모양을 구분하고 가까운 사람의 얼굴을 기억한다.

생후 8개월령에는 깊이, 상하좌우, 거리 등을 인지하면서 입체를 파악하는 능력이 생기기 시작한다.

5세 무렵에는 평균 시력이 1.0 정도 되고, 6세 무렵에는 아이의 90% 이상이 1.0이 넘는 시력을 갖춘다. 교실 맨 뒷자리에서 칠판 글씨를 읽을 수 있는 시력이 1.0이다. 인간의 시력은 대체로 1.5 전후로 안정되고, 2.0을 넘는 경우는 거의 없다.

시력이 2.0을 넘기 힘든 이유는 망막 시각세포의 밀도(간격)와 관련 있다. 망막의 중심에는 무척 작은 시각세포가 모여 있다. 각 시각세포 사이의 간격은 대략 2~3µm다. 1µm는 1,000분의 1mm이므로, 1mm 사이에 수백 개의 시각세포가 늘어서 있는 셈이다. 그림에

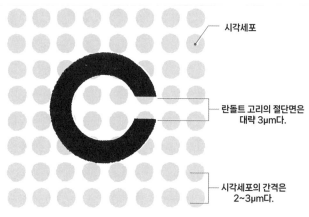

시각세포

란돌트 고리의 절단면은
대략 3μm다.

시각세포의 간격은
2~3μm다.

시력 2.0을 측정하는 란돌트 고리의 절단면 크기는
시각세포의 간격과 비슷하므로 식별하기 어렵다.

망막에 비친 시력 2.0의 란돌트 고리

서 알 수 있듯이 절단면이 0.7mm인 시력 2.0의 란돌트 고리를 보았을 때 망막에 비치는 란돌트 고리의 절단면에 꼭 맞는 상의 크기는 대략 3μm다. 시각세포의 간격과 거의 같다.

빛을 포착하는 센서 역할을 하는 시각세포가 그 간격보다 작은 상을 구별하기란 매우 어렵다. 시력에는 개인차가 있으므로 2.0을 넘는 사람도 드물게 있지만, 일반적으로 시력 상한이 2.0 언저리인 것은 이 때문이다.

아기는 일상생활에서 사물을 보는 훈련을 거듭하면서 천천히 시력이 좋아진다. 보는 것을 통해 뇌의 정보처리 능력도 향상된다.

아기는 걸을 수 있기까지 대략 1년이 걸리지만, 육식동물로부터 생명을 위협받는 초식동물의 새끼는 태어나자마자 일어나 달릴 수 있다. 초식동물의 새끼는 태어나자마자 달릴 수 있을 정도의 시력을 갖추고 있다.

바라보는 세계는 익숙해진다

사람의 눈은 물체를 거꾸로 본다!

우리는 흔히 외부의 물체를 있는 그대로 본다고 생각한다. 그러나 사람이 망막을 통해 보는 과정은 상상을 초월할 정도로 복잡하다.

돋보기 같은 볼록렌즈로 굴절한 빛을 스크린에 비추면 상이 뒤집혀 나타난다. 눈도 비슷하다. 눈에 닿은 빛은 각막과 수정체에서 굴절하고, 망막에는 상하좌우가 뒤바뀐 상이 형성된다.

예를 들어 인간이 알파벳 'F'를 보면 망막에 상하좌우가 반전되

망막 위에서 뒤집힌 상

어 비친다. 우리 뇌는 이것을 원래 상으로 되돌려 지각한다. 이것이 각막과 수정체에서 빛을 굴절시키는 카메라눈의 특징이다. 반면 곤충 등의 겹눈은 상을 반전하지 않고 본 모습 그대로 형성한다.

거꾸로 안경 실험

겹눈처럼 망막에 반전하지 않은 상이 비치면 인간의 눈은 어떻게 인식할까? '거꾸로 안경(Reversing Goggles)'이라는 도구를 사용하면 경험할 수 있다.

거꾸로 안경은 상하와 좌우를 반전한 안경이다. 상하와 좌우가 동시에 반전하는 것, 상하만 반전하는 것, 좌우만 반전하는 것이 있다. 삼각기둥 모양의 직각 프리즘이란 특수 렌즈를 사용하여 빛을 굴절 반사한 다음 상을 반전한다. 이렇게 반전된 상은 눈의 각막과 수정체에서 한 번 더 반전되기 때문에 정상 방향의 상이 망막에 비친다.

그럼 뇌는 거꾸로 안경으로 본 상을 어떻게 처리할까?

이 의문을 풀기 위해 여러 연구자가 거꾸로 안경을 오래 착용하고 일상생활을 하는 실험을 했다. 거꾸로 안경을 처음 착용하면 모든 사물이 거꾸로 보이기 때문에 뇌가 혼란을 일으켜 메스꺼움과 불편함을 호소하는 사람이 많았다.

예를 들어 좌우만 뒤집힌 안경을 쓰면 오른손이 왼손의 위치에 보이거나, 오른쪽 뒤에서 자신을 지나치는 자동차 소리를 들었는데 그 차가 왼쪽에서 나타난다. 하지만 시간이 지나면 차츰 익숙해진다. 이윽고 양손을 사용하는 동작도 할 수 있고, 2주가 지나면 자전거 타기 같은 일상생활도 문제없이 해내는 경우가 대부분이다.

거꾸로 안경을 착용하면 오른쪽으로 가는 물체는 몸의 왼쪽으로, 위쪽에서 내려오는 물체는 아래쪽에서 오는 것처럼 느낀다고 한다. 뇌의 유연성과 순응력은 이처럼 놀랍다. 이러한 실험 결과들은 사람의 시각은 태어나면서부터 발달하고, 뇌가 발달하는 과정에서 거꾸로 된 상을 바르게 인식하게 된다는 사실을 증명한다.

아기도 뇌에서 만든 상을 바탕으로 경험을 통해 '오른쪽, 왼쪽, 위, 아래'를 익힌다.

얼마나 멀리 감지할 수 있을까

감각기관의 감지 범위

우리는 감각기관으로 주위 정보를 파악한다. 이른바 오감이라고 하는 주요 감각기관은 시각, 청각, 후각, 미각, 촉각이다. 그 밖에도 평형감각이나 내장감각 등 많은 감각기관이 있다.

내장감각이라는 용어는 다소 생소할 것이다. 간단히 말하면 배고픔이나 심장박동을 느끼는 감각이다.

여기서는 감각기관들이 얼마나 멀리 떨어진 곳의 정보까지 읽는지 알아보자.

"그윽한 매화 향기 멀리서 흘러드니, 그대가 사무치게 그립구나."

이 시구는 《만요슈(萬葉集)》(일본에서 가장 오래된 시가집-옮긴이)에서 이치하라왕이 읊은 유명한 작품이다. 시구 내용처럼 후각은 멀리 떨어진 곳의 정보를 감지할 수 있다. 하지만 겨우 100m까지만이다.

일반적으로 후각은 수 m 안의 음식 냄새 같은 정보를 파악한다.

다른 감각 정보를 살펴보면, 평형감각과 내장감각 등은 자신의 몸에서 정보를 얻을 수 있고, 촉각이나 미각은 대상이 혀나 피부에 닿아야 감지할 수 있다.

청각은 후각보다 훨씬 먼 곳의 정보를 느낄 수 있다. 기적 소리나 천둥 같은 큰소리는 수 km 떨어져 있어도 들을 수 있는 것이 좋은 예다. 다만 평소에는 생활음을 중심으로 수십 m에서 수 km 정도 범위의 소리를 감지하는 데 그친다.

시각은 어떨까? 청각처럼 평소엔 수십 m 떨어진 정보를 감지하

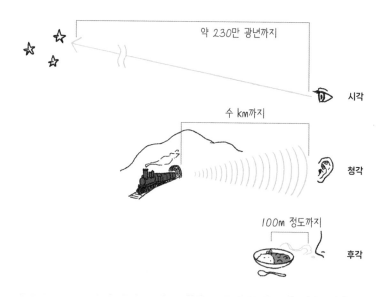

약 230만 광년까지

시각

수 km까지

청각

100m 정도까지

후각

시각, 청각, 후각이 획득할 수 있는 정보의 범위

는 데 그칠 것 같지만, 실제로는 가까운 사물을 보는 동시에 먼 곳의 정보도 읽어낸다.

예를 들면 우리는 옆에 있는 사람의 얼굴을 보는 동시에 먼 산과 밤하늘의 별을 볼 수 있다. 그렇다면 얼마나 먼 곳까지 감지할 수 있을까? 맨눈으로 볼 수 있는 안드로메다은하는 230만 광년 떨어져 있다. 이처럼 눈은 무척 멀리 있는 정보를 감지하는 우수한 감각기관이다.

단, 인간은 어두운 곳에서는 색을 구별하지 못한다. 밤하늘의 별이 빛나는 사실은 금세 알 수 있지만 '빨강, 파랑'을 맨눈으로 구분하기는 어렵다. 하지만 망원경을 사용하면 별의 색도 뚜렷이 볼 수 있다.

물속에서 초음파를 사용하는 동물

우리가 수만 광년 떨어진 곳을 맨눈으로 볼 수 있는 이유는, 빛은 거리가 멀어져도 소리나 냄새에 비해 약해지는 정도가 작고 멀리까지 닿기 때문이다.

예를 들어 시력이 약한 박쥐는 초음파로 장애물의 위치를 감지한다. 초음파는 일반적인 소리보다 쉽게 약해지기 때문에 멀리 있는 대상에 반사되어 돌아오면 무척 희미해진다. 그래서 박쥐가 초음파로 탐지할 수 있는 범위는 대개 수 m 안팎이다.

이처럼 육상에서 멀리 있는 대상을 감지하려면, 거리에 따라 감쇠하는 정도가 적은 빛을 포착해야 광범위한 정보를 파악할 수 있다.

그럼 깊은 바닷속처럼 빛이 거의 들지 않는 곳은 어떨까? 수중에서는 공기 중보다 초음파가 덜 약해지므로 초음파로 수백 m까지 탐지할 수 있다. 그래서 물속에는 빛 대신 초음파로 먹잇감을 찾거나 동료와 커뮤니케이션하는 동물이 많다.

돌고래는 에코로케이션(Echolocation)이라는 초음파 클릭음을 내고 어두운 바닷속에서 먹이를 찾는다. 보통 물고기가 알아들을 수 있는 소리는 4kHz지만 돌고래의 클릭음은 수십 kHz의 초음파이기 때문에 은밀하게 먹잇감을 찾을 수 있다. 어군을 탐지하는 선박용 소나는 돌고래의 에코로케이션을 응용한 기술이다.

또한 대왕고래가 커뮤니케이션에 이용하는 20kHz 이하의 초저주파수는 수백 km 이상 떨어진 곳까지 닿는다고 한다. 음파의 주파수가 낮으면 더 멀리까지 전달되지만 파장보다 작은 대상을 감지할 수는 없다. 파장보다 작은 대상은 그 음을 반사하기 어렵기 때문이다.

초저주파수로는 작은 생물을 찾기 어렵기 때문에 대왕고래는 먹잇감을 찾을 때 주파수가 높은 초음파를 사용한다.

이처럼 각 감각기관이 먼 곳의 정보를 파악할 수 있는 정도는 민감도, 환경 때문에 빛이나 소리가 전달되는 방법에 따라 달라진다.

감각의 속도

인간이 오감을 느끼는 속도

인간은 오감으로 파악하는 전체 정보 가운데 80% 이상을 시각 정보에 의존한다. 그래서 소리, 냄새, 맛, 촉감을 나타내는 언어의 수는 한정되어 있지만 색을 나타내는 언어는 헤아릴 수 없이 많다.

색채 감도가 높은 인간의 눈은 뇌가 빛을 인지하기까지 어떤 과정을 거칠까?

우선 눈에 빛이 들어오면 망막의 시각세포가 감지한다. 하나의 안구에는 '원추세포'(144쪽 참고)라는 시각세포가 약 700만 개, '간상세포'(144쪽 참고)라는 시각세포가 1억 3,000만 개나 있다. 빛 자극에 의해 시각세포의 시각 색소라는 단백질이 화학변화를 일으키면 전기신호가 발생한다. 전기신호가 순식간에 생기는 펄스 신호로 바뀌어 약 100만 개의 시신경 섬유 등을 통해 대뇌의 시각 영역으로 전달되면 비로소 상을 인지한다.

오감으로 느끼는 모든 정보는 전기신호로 바뀌어 뇌로 전달되는데, 감각기관마다 전달 방식이 다르다. 청각은 공기의 진동을, 촉각은 피부에 전달되는 압력을 직접 전기신호로 변환한다. 미각과 후각은 액체나 공기 중의 화학물질로 정보를 전달하는 물질을 생성하고 전기신호를 만든다.

따라서 감각기관의 정보를 뇌가 감지하기까지 약간의 시간이 걸린다. 특히 시각은 시각 색소라는 화학적 자극으로 한 번 변환하고 전기신호를 만들기 때문에, 자극을 직접 전기신호로 변환하는 청각이나 촉각보다 반응 시간이 길어진다. 가까운 거리에서 빛과 소리가 동시에 나는 경우 소리가 먼저 들리는 이유는 이 때문이다.

자극이 복잡해지면 반응도 느려진다

도쿄대학교 오야마 다다스 교수는 인간이 감각별로 다르게 반응하는 시간을 조사했다. '소리가 들리면 가능한 한 빨리 버튼을 누른다'라는 규칙을 정하고, 자극에 반응하는 데 걸리는 시간을 측정했다. 이 실험에서 소리와 빛을 각각 제시해 피실험자가 반응하기까지 걸린 시간을 살펴보자. 청각 자극과 촉각 자극의 단순 반응 시간이 0.14초인 데 반해 빛에 의한 시각 자극은 0.18초로 더 길었다. 또 후각 자극은 0.2초 이상, 미각 자극은 0.3초 이상으로 시각 자극에 반응하는 속도보다 느렸다.

　시각의 단순 반응 시간인 0.18초는 빛을 본 후 1초도 걸리지 않는 무척 짧은 시간이지만, 고속도로에서 자동차를 운전할 때의 반응 시간으로 따지면 큰 사고로 이어질 수도 있다.

　이에 관해 과학경찰연구소 마키시타 히로시 씨가 실험한 내용을 소개하겠다. 브레이크를 밟으면 뒤쪽 브레이크등이 빨갛게 깜빡이는 자동차를 뒤에서 따라가도록 하고, 뒤따르는 차는 앞차의 빨간 점등을 보면 곧바로 브레이크를 밟는다는 규칙을 정하고 평균 반응 속도를 조사했다. 측정해보니, 뒤따르는 차를 운전한 사람의 단순 반응 시간은 시각의 단순 반응 시간인 0.18초보다 훨씬 긴 0.9초 정도였다.

　자극이 복잡해지면 반응 시간이 급격히 길어진다는 뜻이다. 고속도로를 시속 100km로 주행하는 차는 0.9초 사이에 약 30m나 진행한다. 그래서 20m 앞의 차가 급정지하면 운전자가 황급히 브레이크를 밟아도 충돌하고 만다. 고속도로에서 사고가 빈발하는 이유 중 하나는 이처럼 눈에 들어온 정보를 감지하고 브레이크를 밟을 때까지 시간이 걸리기 때문이다.

　시각은 실시간 정보를 파악하지만, 눈에 들어온 정보를 뇌가 전달받아 반응하기까지는 생각보다 시간이 걸린다. 특히 뇌 기능이 약해지는 고령자는 눈으로 지각한 후 행동하기까지 반응하는 속도가 느리기 때문에 자동차 사고 등을 일으키기 쉽다. 사고를 방지하기 위해서라도 주행 중에는 차간거리를 길게 유지할 필요가 있다.

5

빛의 양을 조절하는 동공

인간과 고양이의 차이

사람의 홍채는 동공의 크기를 바꾸어 망막에 닿는 빛의 양을 조절한다. 카메라 조리개와 비슷하다. 어두운 곳에서 밝은 곳으로 가면 동공이 작아져 망막에 닿는 빛이 줄어든다. 반대로 밝은 곳에서 어두운 곳으로 가면 동공이 커지기 때문에 망막에 닿는 빛이 많아진다.

인간의 동공 크기는 약 2~8mm까지 변한다. 동공을 줄이는 데는 단 몇 초면 충분하지만, 확대하는 데는 수십 초가 걸린다. 밝은 곳에서 어두운 곳에 오면 잠시 주위가 보이지 않는 원인 중 하나는 동공을 조절하는 데 시간이 걸리기 때문이다.

동공의 크기는 나이가 들수록 줄어든다. 노인은 어두운 곳의 물체를 자세히 보기 힘들다. 빛의 입구인 동공 자체가 작아져 망막에 닿는 빛의 양이 줄어들기 때문이다.

일본에선 사물이 빠르게 변화하는 모습을 "고양이 눈처럼 변한다"라고 표현한다. 고양이 동공이 밝기에 따라 가늘어지거나 둥글어지는 등 모양과 크기가 급격히 변하는 것에서 유래한 말이다.

고양이의 눈은 왜 이렇게 변화의 폭이 클까? 인간의 동공은 원형이지만 고양이의 동공은 세로로 긴 슬릿 형태이기 때문이다. 고양이 동공은 밝은 곳에서는 가늘어지고 어두운 곳에서는 동그랗게 커진다. 슬릿 형태의 동공은 빛을 조절하는 범위가 넓다는 면에서 원형 동공보다 우수하다.

특히 둥글어질 때 동공이 더욱 커지기 때문에 어둠 속에서도 많은 빛을 망막에 흡수할 수 있다. 이 기능 덕에 야행성 동물인 고양이는 어둠 속에서도 사냥감을 잘 잡는다.

세로로 긴 동공, 가로로 긴 동공

고양잇과의 경우, 고양이 같은 소형 동물은 동공이 세로로 길고, 사자 같은 대형 동물은 원형인 경향이 있다. 동공의 움직임은 카메라 조리개를 상상하면 이해하기 쉽다. 카메라 조리개를 열면 초점이 한 점에 맞춰져 주변의 경치가 희미해지지만, 조리개를 줄이면 초점이 맞는 범위가 단번에 넓어진다.

즉, 세로로 긴 동공은 초점 범위가 한 점뿐이지만, 원형 동공은 범위가 넓어진다. 이것이 원형 동공의 장점이다.

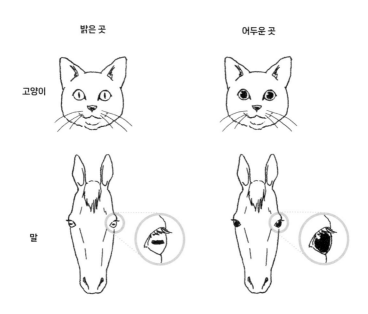

밝은 곳　　　　어두운 곳

고양이

말

고양이의 동공은 세로로 긴 슬릿 형태,
말의 동공은 가로로 긴 슬릿 형태로 밝기를 조절한다.

고양이와 말의 동공

 고양잇과 소형 동물 대부분은 숨어서 기다렸다가 먹이를 잡으므로 사냥감만 잘 조준하면 된다. 그래서 초점이 한 점에만 맞아도 문제가 없다. 특히 야행성 동물은 어두운 곳에서 사냥하기 때문에 빛을 조절하는 범위가 넓은 세로 동공이 유리하다.

 한편 낮에 사냥하는 대형 동물은 사냥감까지의 거리를 정확히 파악해야 하므로 초점 범위가 넓은 원형 동공이 더 적합하다.

반면 피식자인 말 같은 초식동물의 동공은 가로로 길다. 그러므로 밝은 곳에서 동공이 가늘어지더라도 넓은 시야를 유지한다. 또 어두운 곳에서는 원형으로 넓어지기 때문에 빛을 많이 흡수할 수 있다.

안경원숭이의 극단적인 눈

동공을 크게 넓혀 많은 빛을 흡수하는 동물도 있다. 필리핀이나 인도네시아에 살고 몸길이가 10cm 정도인 안경원숭이는 이름대로 안경을 쓴 것처럼 눈이 크고 둥글다. 한쪽 눈의 크기가 무려 뇌와 비슷하다.

안경원숭이는 눈이 너무 커서 안구를 회전하기가 힘들다. 그래서 고개를 움직여 시선 방향을 바꾸기 때문에 부엉이처럼 목을 바로 뒤까지 돌릴 수 있다. 나무 위에서 곤충이나 도마뱀 등을 먹고 사는 야행성 동물인 안경원숭이는 어두운 숲속에서도 곤충을 찾아내기 위해 눈만 기이할 정도로 발달했다.

안경원숭이의 시각세포 대부분은 어두운 곳에서도 일하는 간상세포로 이루어져 있다. 그 때문에 낮에는 동공 크기를 바늘구멍처럼 축소하여 망막에 닿는 빛의 양을 줄인다.

이처럼 약육강식이 난무하는 험난한 자연에서 살아남은 동물들은 동공의 형태조차 생존에 적합하도록 진화시켜왔다.

색을 구별하는 능력의 비밀

시각세포와 색각

동물은 살아남기 위해 환경에 맞춰 독자적으로 눈을 진화시켰다. 예를 들어 인간은 밝은 곳에서든 어두운 곳에서든 볼 수 있다. 얼핏 당연한 이야기 같지만 무척 놀라운 능력이다.

낮과 밤처럼 명암이 달라도 사물을 볼 수 있는 이유는 인간에게 감도가 다른 2개의 시각세포가 있기 때문이다. 어두운 곳에서 일하는 시각세포를 '간상세포', 밝은 곳에서 일하는 시각세포를 '원추세포'라고 한다. 인간이 낮에 다채로운 색깔을 볼 수 있는 이유는 밝은 곳에서 일하는 3종류의 시각세포(원추세포) 덕분이다. 반면 어두운 곳에서 일하는 간상세포는 1종류뿐이어서 한밤중에는 색을 식별하기 어렵다.

시각세포의 종류가 하나뿐인 동물은 색의 차이를 알 수 없지만 명암은 구별할 수 있다. 인간은 빨간빛, 초록빛, 파란빛에 대한 감도가 높은 3종류의 원추세포(L 원추세포, M 원추세포, S 원추세포)가 있기 때문에 밝은 곳에서 미묘한 색상 차이를 구별할 수 있다.

그럼 어째서 원추세포가 2종류 이상이어야 색을 구별할 수 있을까? 파장에 따라 감도가 다른 2종류 이상의 원추세포 신호를 비교해야 색상 차이를 알 수 있기 때문이다. 3종류의 원추세포를 지닌 인간의 눈을 예로 들어 색을 식별하는 구조를 살펴보자.

초록 잎을 보고 있을 때는 초록빛에 대한 감도가 높은 원추세포로부터 받는 신호가 커지고, 파란빛이나 빨간빛에 대한 감도가 높은 원추세포로부터 받는 신호는 작아진다. 그리고 파란 하늘을 보면 빨간빛이나 초록빛에 대한 감도가 높은 원추세포로부터 받는 신호가 작아지고, 파란빛에 대한 감도가 높은 원추세포로부터 받는 신호는 커진다.

이처럼 '초록빛에 응답하는 원추세포', '파란빛에 응답하는 원추세포', '빨간빛에 응답하는 원추세포'로부터 받는 신호의 크기를 비교하여 색을 식별한다.

그럼 빛의 삼원색인 빨강, 초록, 파랑 이외의 색을 볼 때는 어떻게 반응할까?

예를 들어 노란색 신호등을 볼 때는 빨간빛이나 초록빛에 대한 감도가 높은 원추세포로부터 받는 신호가 커지고, 파란빛에 대한 감도가 높은 원추세포로부터 받는 신호는 작아진다. 노란색으로 보이는 이유는 빨간색 원추세포의 신호와 초록색 원추세포의 신호로 인

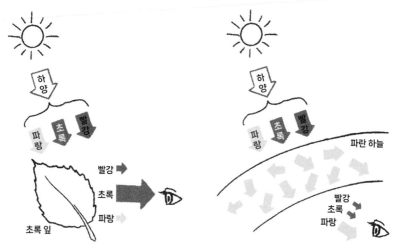

초록 잎은 빨간빛과 파란빛을 흡수하고
초록빛을 반사하기 때문에 초록색으로 보인다.

하늘은 초록빛보다 파란빛이 많이
산란되기 때문에 파란색으로 보인다.

3종류의 원추세포가 구별하는 빛

해 망막 속 신경세포에서 노란색 신호가 만들어지기 때문이다. 보라색 꽃을 볼 때는 빨간빛과 파란빛에 대한 감도가 높은 원추세포로부터 받는 신호가 커지고, 초록빛에 대한 감도가 높은 원추세포로부터 받는 신호는 작아진다. 그리고 빨간색 원추세포의 신호와 파란색 원추세포의 신호로 인해 보라색 신호가 뇌로 전달된다.

색각이 인간보다 4배 많은 갯가재

색을 식별하는 감각을 '색각'이라고 한다. 원추세포가 2종류면 2색각, 3종류면 3색각이라고 한다. 인간은 3종류의 원추세포가 있어서 밝은 곳에서는 3색각으로 사물을 본다.

포유류 이외의 척추동물이나 절지동물 중에는 원추세포가 인간보다 다양한 동물이 많다. 원추세포의 가짓수는 곤충에 따라 다르다. 꿀벌은 3종류, 호랑나비는 5종류로 모두 자외선에 민감한 시각세포를 가지고 있다. 일반적으로 원추세포의 가짓수가 많을수록 식별할 수 있는 색이 많아지므로, 원추세포가 4종류 이상인 곤충이 보는 세계는 사람보다 다채로울 것이다.

특히 바다의 절지동물 갯가재는 무려 12종류에 달하는 원추세포를 가지고 있다. 당연히 색을 식별하는 능력이 인간보다 뛰어날 것이라고 예상되었는데, 최근 연구에서 식별 능력이 그리 높지 않다는 사실이 밝혀졌다.

인간은 빛의 파장이 몇 nm만 달라도 색 차이를 알 수 있는 반면 갯가재는 그보다 10배는 달라야 판별할 수 있다고 한다.

예를 들어 노란색과 주황색의 파장 차이는 약 15nm인데, 인간은 확연히 구별하지만 갯가재는 구별하지 못한다. 인간은 3종류의 시각세포 정보를 망막 속 신경세포에서 조합하고 뇌에서 많은 색을 식별한다. 하지만 갯가재는 인간보다 정보처리 방법이 단순하고,

12종류의 시각세포 정보를 홑눈에서 처리한다.

즉, 12종류의 시각세포가 각각 특정 색에만 반응할 뿐 정보를 상대적으로 비교하지 않기 때문에 많은 색상을 구별할 수 없다.

그러나 이러한 구조는 뇌의 부담이 적기 때문에 그만큼 정보처리 속도가 빨라진다. 갯가재는 여러 시각세포 덕분에 뇌의 부담을 줄여서 수많은 사냥감이나 천적을 바로 구별한다.

이처럼 시각세포의 종류가 많다고 해서 반드시 다채로운 세계를 본다고 할 수는 없다.

송사리의 색각 변화

송사리는 봄부터 여름까지 이어지는 번식기에 이성의 관심을 끌기 위해 꼬리지느러미나 등지느러미의 오렌지색과 검은색을 짙게 물들이고 몸 전체에 오렌지빛 혼인색을 띤다. 이 시기에 색각이 발달하므로 색을 구분할 수 있다.

나고야대학교 신무라 쓰요시 씨 연구팀은 여름철 송사리와 겨울철 송사리에게 영상을 보여주는 실험을 했다. 송사리의 흑백 영상과 혼인색을 띤 송사리의 컬러 영상을 보여주며 반응을 확인했다. 그 결과 흑백 영상 속 송사리에는 양쪽 모두 반응하지 않았고, 혼인색을 띤 송사리에는 여름철 송사리만 쫓아왔다. 이 결과를 통해 송사리의 색각이 계절에 따라 변화한다고 판명되었다.

그럼 송사리는 어떻게 색각을 바꿀까?

인간의 눈에는 파랑, 초록, 빨강에 대한 감도가 높은 3종류의 원추세포가 있는데, 송사리의 눈에는 보라 1종류, 파랑 2종류, 초록 3종류, 빨강 2종류 등 무려 8종류의 원추세포가 있다고 한다. 원추세포의 종류는 시각세포에 있는 시각 색소의 종류에 따라 나뉜다.

동물 간상세포의 시각 색소는 로돕신, 원추세포의 시각 색소는 포톱신이라고 한다. 송사리의 색각을 변화시키는 것은 포톱신에 있는 옵신이라는 물질이다. 새로운 연구에 따르면 겨울철 송사리는 옵신의 양이 줄어들면서 색각이 변화한다.

옵신을 만들면 아무래도 몸에 무리가 따르기 때문에 봄부터 여름의 번식기에만 생산하는 듯하다. 실제로 송사리는 겨울철에는 먹

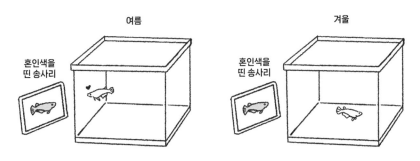

여름철 송사리만 혼인색을 띤 송사리를 쫓아온 사실을 감안하면,
색각이 계절에 따라 변화한다는 것을 알 수 있다.

계절에 따라 색각이 변화하는 송사리

이를 거의 먹지 않기 때문에 색을 식별하지 못해도 생활하는 데 지장이 없다. 낭비하는 에너지를 아껴 가장 활발하게 움직여야 하는 번식기에 대비하는 것이다.

어둠 속에서도 색을 구별하는 개구리

인간은 어두운 곳에서 일하는 시각세포인 간상세포가 1종류뿐이므로 어둠 속에선 색을 구별할 수 없다. 밤에 방 안의 불을 끈 후 눈이 어둠에 적응하면 풍경을 희미하게 볼 수 있지만, 벽에 걸린 포스터나 커튼 색깔까지 구별하기는 힘들다.

인간과 마찬가지로 대부분의 척추동물은 어두운 곳에서 색을 구별하지 못한다. 반면 개구리는 초록빛과 파란빛에 대한 감도가 높은 2종류의 간상세포가 있어서 어둠 속에서도 색을 식별한다.

왜 초록과 파랑 2종류의 간상세포가 있으면 색을 식별할 수 있을까? 원추세포와 마찬가지로 '초록빛에 응답하는 간상세포'와 '파란빛에 응답하는 간상세포'로 신호의 크기를 비교하여 색을 판별하기 때문이다.

단, 개구리의 간상세포는 2종류뿐이기 때문에 낮처럼 많은 색을 식별할 수는 없다. 특히 빨강과 노랑의 차이를 구별하기 어려울 것이다. 개구리의 먹잇감인 작은 곤충은 종류에 따라 색이 다양하다. 야행성인 개구리는 밤에 색을 구별할 수 있으면 먹잇감을 찾기 쉬우므로 이처럼 특이한 진화를 거듭한 듯하다.

보이지 않는 색, 느낄 수 없는 색

빨간색을 모르는 포유류

갯가재나 송사리, 개구리 같은 동물들은 인간과는 다른 세계에서 색을 식별한다. 생존에 유리하도록 환경에 맞춰 저마다 색각을 진화시켰기 때문일 것이다.

그럼 인간의 눈은 어떻게 3종류의 간상세포를 가지게 되었을까?

답을 얻으려면 공룡이 번성한 중생대까지 거슬러 올라가야 한다. 그 시기에 살던 포유류 대부분은 야행성이었기 때문에 지금처럼 색을 구별해야 할 필요가 없었다. 그래서 현재도 포유류 대부분이 파란빛에 대한 감도가 높은 S 원추세포와 빨간빛에 대한 감도가 높은 L 원추세포 2종류만 가지고 있다.

원추세포가 2종류면 색을 구별할 수는 있지만 여러 종류를 구분하기는 힘들다. S 원추세포와 L 원추세포가 있으면 초록, 노랑, 주황이 비슷해 보이고, 빨강은 어두침침한 색으로 보인다. 일부 원숭이나 인간 등의 영장류는 추가로 M 원추세포가 있어서 초록색에 대한 감도가 높기 때문에 3종류의 원추세포로 많은 색을 구별한다. 영장류가 3종류의 색각을 획득한 이유는 빨강, 노랑, 주황 등을 통해 잘 익은 과일을 찾기 위해서였을 수도 있다.

그러나 3가지 색각이 더 우수하다고 단정할 수는 없다. 곤충을 찾는 데는 2가지 색각이 유리할 때도 있다. 예를 들어 초록 잎 위에 노란색 곤충이 있다면 색상이 눈에 띄기 때문에 3가지 색각이 있으면 발견하기가 더 쉽다. 그러나 곤충이 초록 잎과 같은 색으로 위장하면 색보다는 밝기의 차이가 단서가 되기 때문에 대비를 식별하기 쉬운 2가지 색각이 유리하다. 특히 깊은 숲속 등 어둑어둑한 곳에서는 2가지 색각을 갖춘 동물이 더 많은 곤충을 잡을 수 있다는 사실이 밝혀졌다.

이렇듯 3색각이 항상 유리하다고 할 수는 없다. 채집 중심 생활에서는 3색각이 편리하지만, 사냥할 때는 2색각이 유리한 경우도 있다. 실제로 사냥으로 생활한 민족이 많았던 백인 중에는 2색각인 색약을 지닌 사람이 많다. 주로 과일 등을 채집하며 살았던 흑인보다 많다는 조사 결과도 있다. 사자 같은 육식동물이 2색각인 이유는 그쪽이 초식동물을 발견하는 데 더 유리했기 때문인 듯하다.

자신의 피부색을 모르는 인간

인간의 눈에는 흥미로운 특징이 많다. 그중 하나는 자신의 피부색을 거의 느끼지 못한다는 점이다. 일상생활에서 대다수 사람은 자신의 피부색을 무색이라고 느낀다. 하지만 타인의 피부색에는 민감해서 자신과 조금만 달라도 알아차린다. 특히 인종이 다르면 그런 경향이 더 짙어지는 듯하다.

이는 온도가 10도와 11도인 물체의 차이는 거의 느낄 수 없지만, 체온에 가까운 37도와 38도인 물체의 차이는 분명히 알 수 있는 것과 비슷하다. 피부색에 대한 감각도 자신을 기준으로 삼아 차이를 민감하게 느끼는 듯하다.

또한 다른 사람과의 소통이 생존에 중요한 사람은 피부색 변화에 민감해야 유리하다. 사람은 화가 나면 얼굴이 빨개지고 기분이 나쁘면 창백해지기 때문에, 타인의 피부색에 예민하면 상대방의 감정 변화를 쉽게 알아차릴 수 있다.

거울이 발명되기 전까지는 얼굴을 보기 힘들었다는 점과도 관련 있을지 모르지만, 사람은 자신의 안색 변화는 잘 알아차리지 못한다. 색각이 발달하지 않은 다른 포유류는 얼굴이 털로 덮여 있어서 얼굴빛을 제대로 알 수 없다.

이처럼 피부색의 변화로 감정 변화나 생리 상태를 알 수 있는 능력은 많은 색을 식별하는 영장류만의 특성이다.

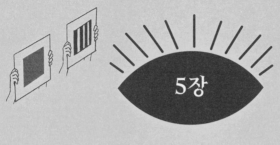

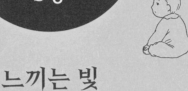

5장

느끼는 빛

지구 상에 서식하는 생명체에게는 빛이 필요하다.
태양빛 아래에서 진화를 거듭했기 때문이다. 우리는 하늘에서 내리쬐는
강렬한 햇빛과 지구 자전이 가져다주는 명암 변화에 적응했다.
그럼 '빛'은 몸에 어떤 영향을 미칠까?

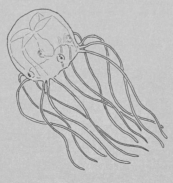

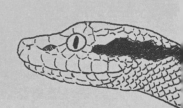

빛을 색으로 느끼는 이유

빛의 파장이 색을 만든다

태양에서 내리쬐는 하얀빛에는 짧은 파장부터 긴 파장에 이르는 다양한 빛이 있다. 파장이 다르면 색이 달라 보인다. 파장이 짧은 쪽부터 파랑, 초록, 노랑순이고, 가장 긴 파장은 빨강이다. 노을이 붉게 보이는 이유는 태양 고도가 낮아지고 빛이 대기층을 통과하는 거리가 멀어져, 통과하기 쉽고 파장이 긴 빛이 눈에 닿기 때문이다.

빛의 파장이 망막에 닿으면 우리는 '색'을 인식한다. 그러나 빛 자체에는 색이 없다. 실험을 통해 색이 어떻게 보이는지 최초로 연구한 아이작 뉴턴은 "광선에는 색이 없다"라는 유명한 말을 남겼다. 이말이 의미하듯 파장 차이를 색의 차이로 느끼는 이유는, 그렇게 느끼는 구조가 눈과 뇌에 있기 때문이다.

태양의 하얀빛을 프리즘에 통과시키면 굴절 차이 때문에 빨강, 노랑, 초록, 파랑 등으로 분산된다. 파장이 짧은 파란빛은 크게 굴절

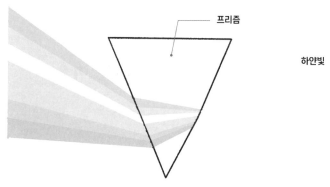

프리즘

하얀빛

프리즘을 통과한 하얀빛은 굴절 차이에 따라 7가지 색으로 나뉜다.

프리즘으로 분산한 빛

하고, 파장이 긴 빨간빛은 거의 굴절하지 않는다. 이 구조에 따라 하얀 태양빛이 7가지 색으로 나뉘어 보인다.

무지개의 색이 7가지인 이유도 비가 온 후 공기 중에 떠다니는 물방울에 햇빛이 반사될 때 굴절률 때문에 분산되기 때문이다. 하지만 실제 무지개는 색이 서서히 변하므로 색상의 경계선이 뚜렷하지 않다.

물방울에 닿은 햇빛이 7가지 색으로 분산되어 보이는 현상과는 반대로, 다양한 파장의 빛이 섞이면 각 색깔의 효과가 상쇄되기 때문에 흰색으로 보인다.

물체에 색깔이 있는 이유

우리를 둘러싼 세계는 다채롭다. 파란 그릇, 초록 잎, 노란 표지, 빨간 토마토……. 그 물체들은 파란색이나 빨간색으로 보이지만 실제로는 표면에 색이 묻어 있는 것이 아니다. 물체에 하얀빛이 닿으면, 표면의 원자와 분자가 빛의 일부를 반사하고 나머지 빛을 흡수하거나 투과하여 표면이 색을 띤 것처럼 보인다.

즉, 빛이 사물에 닿아 반사하거나 투과할 때 비로소 사물에 색이 생긴다. 예를 들어 초록 잎은 파장의 길이가 중간쯤인 초록빛을 많이 반사하고, 파장이 짧은 파랑이나 긴 노랑, 빨강을 대부분 흡수한다. 그 때문에 파장의 길이가 중간쯤인 빛만 눈에 닿아 초록색으로 보인다.

초록 잎이 파란빛이나 빨간빛을 흡수하는 이유는 그 빛으로 광합성하여 녹말과 당을 만들기 위해서다. 초록 잎의 엽록소는 광합성에 필요한 빨간색과 파란색 빛은 흡수하고, 광합성에 잘 쓰이지 않는 초록빛은 반사한다. 가을에 단풍이 물드는 이유는 기온이 떨어지면 잎에 당분이나 수분 등이 공급되지 않아 잎 속의 엽록소가 파괴되면서 안토시아닌이라는 붉은 색소가 생기기 때문이다. 안토시아닌이 붉은빛을 반사하기 때문에 가을이 되면 단풍이 빨갛게 물든다.

구조가 만드는 복잡한 색깔

색소와 구조색의 차이

자연계의 색은 크게 '색소'와 '구조색'으로 나뉜다. 앞서 말했듯이 색소는 반사되는 빛과 흡수되는 빛이 생성하여 우리가 빨강이나 파랑 등으로 인식하는 색이다.

빨간 색소는 파장이 긴 빨간빛은 반사하고 다른 파장의 빛은 흡수한다. 이 특성 때문에 사물이 빨갛게 보인다. 아름다운 단풍이나 햇볕에 그을린 피부색은 색소가 만들어낸 결과다.

구조색은 사물 표면의 미세한 요철이나 구멍에 빛이 반사되어 나타난다. 특히 빛의 파장 정도의 두께나 그보다 훨씬 작은 구조에 의해 생성된다. 물방울에 햇빛이 반사되어 나타나는 무지개색도 여기에 포함된다.

비단벌레의 아름다운 색이나 파란 눈동자도 구조색 중 하나다. 양쪽 모두 해당 색의 색소를 가지고 있는 것이 아니라, 파장 두께의 미세한 막이나 요철 등이 빛을 반사하여 특정 파장의 빛만 눈에 닿으므로 색깔이 보인다.

구조색이 나타나는 방식은 여러 가지다. '비눗방울처럼 얇은 막

비눗방울 등 얇은 막에 의한 간섭

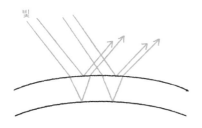

파장 두께의 막 윗면과 아랫면이 반사한 빛의 파동이 강해지거나 약해지면서 생기는 색

비단벌레의 다층막에 의한 간섭

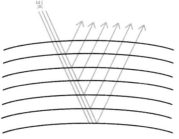

두께가 파장 정도인 다층막의 각 층이 반사한 빛의 파동이 강해지거나 약해지면서 생기는 색

모르포나비의 미세한 홈이나 돌기에 의한 간섭

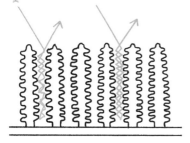

두께가 파장 정도인 미세한 구조가 반복되는 물체에 빛이 닿아 반사 혹은 회절된 파동이 강해지거나 약해지며 생기는 색

파란 하늘 등의 미립자에 의한 산란

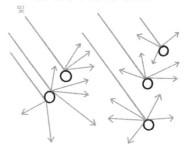

빛의 파장보다 작은 미립자에 빛이 닿으면 파장이 짧을수록 산란되기 쉬워 생기는 색

대표적 구조색의 구조

에 의한 간섭', '비단벌레의 다층막에 의한 간섭', 'CD나 모르포나비의 미세한 홈이나 돌기에 의한 간섭', '파란 하늘 등의 미립자에 의한 산란' 등이 있다. 여기서 말하는 간섭은 빛이 미세한 구조에 닿아 반사될 때 여러 빛의 파동이 합쳐지고 세지거나 약해져 새로운 파동이 생기는 현상이다.

비단벌레의 몸 표면에는 두께가 빛의 파장 정도인 무척 얇은 막들이 쌓여 있다. 빛이 각 층에서 반사되어 세지거나 약해지면 아름답게 반짝이는 색이 만들어진다. 보는 방향에 따라 구조색이 변하는 이유는 빛의 진행 방향에 따라 세지거나 약해지는 파장이 다르기 때문이다. 예를 들어 파장이 긴 빛을 강하게 하고 파장이 짧은 빛을 약하게 하면 빨간색으로 보이고, 그 반대의 경우는 파란색으로 보인다.

편광은 파장과 상관없이 파동의 방향이 일정하지만, 구조색은 파동의 방향이 일정하지 않고 파장에 따라 파동의 강약이 변화한다. 그래서 특정 색상이 두드러져 보인다.

색이 바래는 이유

시간이 흐르면 잡지 표지나 간판 등이 퇴색하듯 색소도 오랫동안 빛을 받으면 색이 바랜다. 그 이유는 색소 분자를 구성하는 원자와 원자의 결합이 끊어져 분자가 파괴되기 때문이다.

하지만 구조색은 사물 표면의 미세한 구조에 의해 만들어지기 때문에 구조가 깨지지 않는 한 빛이 바래지 않는다. 실제로 4,700만 년 전의 비단벌레 화석이 선명한 색을 띤 채로 발견되기도 했다. 시간이 지날수록 전자제품 등의 금속 광택이 사라지는 이유는 오염 물질 등이 묻어 표면의 매끄러움이 사라지기 때문이다.

구조색은 비단벌레나 모르포나비뿐만 아니라 풍뎅이나 파랑자리돔 등 많은 생물에서 볼 수 있다. 구조색이 있는 오징어도 다층막의 구조를 변화시켜 색깔을 자유자재로 바꾼다. 자연계는 하나의 색으로 분류할 수 없는 복잡한 색채로 가득 차 있다.

정반사와 확산반사

사물의 색은 표면에 닿은 빛이 반사되어 사람의 눈에 닿아서 나타난다. 이때 빛의 반사에 따라 사물의 밝기와 빛 등을 느끼는 방식도 달라진다.

빛 반사는 크게 '정반사'와 '확산반사'로 나뉜다. 정반사는 거울이나 매끈한 금속 표면, 잔잔한 수면 등의 평평한 면에서 생긴다. 이때는 빛의 입사각과 반사각이 같다. 확산반사는 표면의 미세한 요철이 빛을 여러 방향으로 반사하는 상태다. 일반적으로 사물의 표면에 반사되는 빛은 확산 반사와 정반사가 섞여 있다.

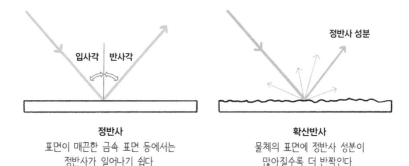

정반사
표면이 매끈한 금속 표면 등에서는
정반사가 일어나기 쉽다.

확산반사
물체의 표면에 정반사 성분이
많아질수록 더 반짝인다.

정반사와 확산반사

그중에서도 입사각과 반사각이 일치하는 정반사 성분이 많아지면 특정 방향으로 강한 빛을 반사하여 광택을 발하고 빛이 강해진다. 금이나 은이 다른 색보다 반짝이고 눈에 띄는 이유는 표면이 매끄러워서 정반사 성분이 많기 때문이다.

황금 고치의 비밀

섬유 안에서 확산반사가 일어나고 광택이 더해져 황금빛으로 빛나는 희귀한 고치가 있다. 예부터 일본에서 견직물로 사용된 누에 고치를 풀면 면이나 양모와 달리 끊어지지 않는 수백 m 길이의 섬유가 된다. 표면이 매끈한 섬유로 만들어진 비단은 광택을 발한다. 누에처럼 비단을 만들 수 있는 곤충은 여러 가지다. 최근에는 인도네시아에 서식하는 크리쿨라(학명 *Cricula trifenestrata*)라는 나방의 고치가 주목받고 있다. 이 고치로 만든 생명주실은 일반 생명주실보다 광택이 강하다.

크리쿨라는 캐슈너트 잎 등을 닥치는 대로 먹어치우기 때문에 인도네시아인들은 해충으로 여긴다. 도쿄농업대학교 아카이 히로무 씨는 누에의 비단에는 없지만 크리쿨라의 비단에는 있는 많은 특징을 연구를 통해 밝혀냈다.

누에가 만드는 섬유의 단면은 균일한 데 비해, 크리쿨라가 만드는 섬유의 단면에는 크기가 제각각인 실크 나노 튜브라는 관이 불규칙하게 늘어서 있다. 빛은 물체의 표면에서 확산하는데, 크리쿨라가 만드는 섬유에는 매우 가는 공기관이 있어서 섬유 표면을 투과한 빛이 이 공기관에 닿아 확산반사하여 돌아온다. 그래서 일반 생명주실보다 광택이 강하고, 노란 색소 덕분에 금처럼 아름답다.

또한 크리쿨라의 생명주실은 미세한 공기관 덕분에 무척 가볍다. 좁은 공기관에서 자외선이 산란하기 때문에 자외선을 차단하는 효과도 있다. 그래서 요즘은 크리쿨라 생명주실을 이용한 직물이나 전등 갓, 금박 등도 만들어질 정도로 인기가 높다.

백곰의 털은 희지 않다

북극권에 사는 북극곰은 일명 백곰이라고 불린다. 이름처럼 털이 하얗게 보이지만 사실은 흰색이 아니라 투명하다. 그렇다면 왜 인간의 눈에는 백곰의 털이 하얗게 보일까?

그 이유는 빛의 산란 때문이다. 백곰의 털은 다른 동물의 털과 달리 안쪽이 빨대처럼 비어 있다. 그래서 빽빽한 털 표면이나 안쪽에 빛이 닿으면 사방팔방으로 흩어지기 때문에 하얗게 보인다.

물체에 닿은 빛이 충분히 흡수되지 않고 흩어지면 여러 파장의 빛이 섞이기 때문에 하얗게 비친다. 투명한 눈이나 해안에 밀려드는 파도가 하얗게 보이는 이유도 빛의 산란 때문이다. 반대로 빛이 대부분 흡수되어 산란하는 빛이 적으면 검게 보인다. 사람의 흰머리도 사실 백곰의 털처럼 투명하다. 다만 검은 멜라닌 색소가 빠져나가 털 내부에서 빛이 흩어지기 때문에 하얗게 보인다.

빛이 반사되어 하얗게 보이는 백곰의 털은 눈과 얼음으로 뒤덮인 북극권에서 보호색이 되어주므로 먹이를 잡는 데 유리하다. 또한 안쪽이 비어 있는 털은 오리털 재킷과 같은 역할을 하기 때문에 보온 효과가 높아 추운 지역에 사는 백곰에겐 필수적이다. 더욱이 털의 안쪽이 비어 있어서 일반 털보다 가볍고, 그 부력을 이용하여 물속을 헤엄치며 물고기를 잡을 수 있다. 체구가 거대한 백곰이 바닷속을 이리저리 헤엄칠 수 있는 이유 중 하나는 바로 털 때문이다.

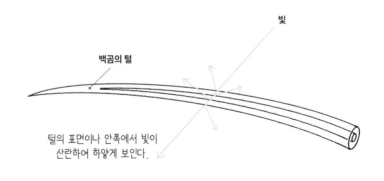

빛

백곰의 털

털의 표면이나 안쪽에서 빛이
산란하여 하얗게 보인다.

백곰의 털

　빛의 산란은 흰색 잉크에도 응용된다. 셀로판처럼 투명하거나 흰색 바탕이 아닌 용지에 인쇄할 때는 흰색 잉크가 있어야 흰색을 표시할 수 있다. 이때 사용하는 수성 흰색 잉크의 입자는 내부가 텅 비어 있다. 빛이 투명한 입자에 닿아 확산하면 사람의 눈에 하얗게 보인다. 이 투명하고 속이 텅 빈 입자는 뒤처리도 쉬워 기존 흰색 잉크에 비해 환경에 미치는 부담이 적다고 한다.

　또한 빛의 파장보다 미세한 입자에 빛이 닿으면 파장이 짧은 파란빛이 많이 확산하기 때문에 사람의 눈에 파랗게 보인다. 하늘이 파란 이유는 빛이 파장보다 짧은 공기 분자에 닿아 산란하기 때문이다. 입자가 빛의 파장보다 커지면 모든 파장의 빛이 똑같이 흩어져 인간의 눈에 하얗게 비친다. 구름이 좋은 예다.

　이처럼 사물의 표면이나 내부 구조에 따라 빛이 다르게 반사하므로 색이 다르게 보인다.

투명한 피부와 칙칙한 피부

투명하고 깨끗한 피부도 빛의 반사와 관계가 깊다. 피부는 바깥쪽부터 표피, 진피, 피하조직이라는 3개의 층으로 구성된다. 표피의 바깥쪽에는 각질층이 있다. 빛의 일부는 각질층을 투과하여 표피나 진피까지 도달하는데, 이때 각 층에서 정반사나 확산반사되어 돌아온 빛이 사람의 눈에 보인다.

즉, 우리가 평소 보는 '피부색'은 각질층, 표피, 진피에서 반사된 빛이 합쳐진 것이다.

피부 속까지 파고든 빛이 많이 확산반사되어 돌아올수록 더 환해지고 깊이가 느껴지기 때문에 투명해 보인다. 파운데이션 화장품에 빛을 반사시키는 성분이 많은 이유는 확산반사를 통해 피부의 투명감을 높이기 위해서다.

인종에 따라 다른 피부색은 피부의 투명함과도 관계 있다. 백인은 황인종에 비해 멜라닌 색소가 적어 내부에서 확산한 빛이 많이 돌아오므로 더 투명해 보인다.

또한 젊은 사람의 약간 붉은 기가 도는 피부는 투명도를 높이는 효과가 있다. 피부가 흴수록 붉은색이 도드라져 보이는 경향이 있고,

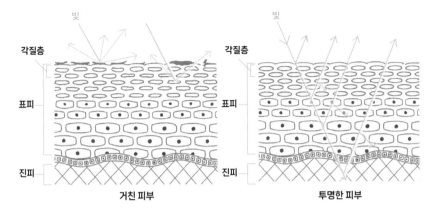

각질층, 표피, 진피에서 반사한 빛이 모이면 화사하고 투명해 보인다.

피부 상태와 빛의 반사

붉은 기가 돌면 피부가 더 환해 보이기 때문이다.

　피부가 거칠면 칙칙해 보이는 이유는 피부 표면에서 빛을 확산하여 빛이 속까지 닿기 어려워지기 때문이다. 투명한 피부를 만들려면 보습에 신경 써야 한다. 피부의 수분을 유지하여 건조해지거나 문제가 생기는 것을 막고, 표피나 진피까지 빛을 흡수시켜 반사되는 빛을 늘려야 한다. 아름다운 피부를 가꾸기 위해서는 보습이 무엇보다 중요하다.

환경에 순응하는 눈

위험한 밝기

　인간의 감각기관은 같은 자극을 계속 받으면 자극에 대한 감도가 내려가 이윽고 무뎌진다. 반대로 자극이 약해지면 서서히 감도가 올라가 약한 자극도 쉽게 느낄 수 있다.

　평소 맡아본 적 없는 냄새는 민감하게 느끼지만, 같은 냄새를 계속 맡으면 아무것도 느끼지 못하게 된다. 주변 사람은 체취를 느끼는데 정작 본인은 눈치채지 못하는 것도 이 때문이다. 음식도 마찬가지다. 짠 음식만 즐겨 먹다 보면 짠맛을 느끼기 어려워져서 점점 짠 것만 찾게 된다.

　마찬가지로 눈도 빛의 세기에 순응한다. 밤에 방 안의 불을 끄면 처음에는 아무것도 보이지 않지만, 5분 정도 지나면 가구 등이 희미하게 보이기 시작한다. 눈의 감도가 높아지면서 커튼 너머로 새어드는 약간의 빛만으로도 사물을 볼 수 있기 때문이다. 이를 '암순응'이라고 한다.

　이때 눈의 감도는 밝은 장소에 있을 때보다 1,000배 이상 높아
진다. 그러나 한낮의 뙤약볕 아래처럼 밝은 곳에서 깜깜한 곳으로 이
동하면 눈이 완전히 적응하기까지 30분 넘게 소요될 수 있다. 한편
깜깜한 곳에서 갑자기 밝은 곳으로 나가거나 깜깜한 방에 불을 켜면
일순간 눈이 부셔도 이내 괜찮아진다. 이것을 '명순응'이라고 한다.
눈이 밝기에 적응하기까지 걸리는 시간은 1~2분 정도다. 인간의 명
순응은 암순응보다 시간이 적게 걸린다.

　그 이유는 인류의 조상이 동굴 등의 어두운 곳에서 살았기 때문
인 듯하다. 이들은 사냥하거나 나무 열매를 찾기 위해 낮에 활동했

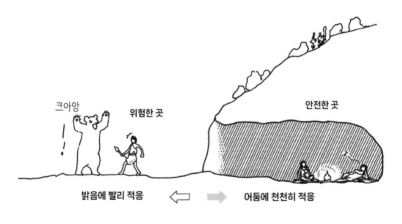

어두운 곳에서 밝은 곳으로 나오면 위험하기 때문에,
밝은 환경에 눈이 더 빨리 적응하도록 진화한 듯하다.

명순응을 위한 시간이 짧은 이유

다. 만약 어두운 동굴에서 밖으로 나왔을 때 눈이 밝기에 익숙해지는데 시간이 걸리면 포식자에게 잡아먹히고 만다. 혹독한 자연환경에서 살아남으려면 눈이 밝은 환경에 빨리 적응해야 했다.

반대로 과일 등을 채취하여 익숙하고 안전한 동굴 안으로 돌아오는 경우에는 바로 보이지 않아도 별 문제가 없다. 이러한 진화의 역사를 거치는 동안 명순응을 위한 시간이 짧아졌다.

자동으로 바뀌는 시각세포

망막의 간상세포와 원추세포는 빛의 명암과 밀접하다. 간상세포는 어두운 곳에서 감도가 높고, 원추세포는 밝은 곳에서 일하는 시각세포다. 인간의 눈은 주위 밝기에 따라 2가지 시각세포를 자동으로 바꾼다.

어떻게 자동으로 바뀔까? 시각세포의 시각 색소는 빛을 흡수하여 화학변화를 일으키고 생리적 전기신호를 만드는데, 이 물질의 양이 변화한다. 어두운 곳에서는 로돕신이라는 시각 색소의 양이 증가하여 감도가 높은 간상세포가 작용하지만, 밝은 곳에서는 로돕신이 감소하기 때문에 간상세포는 작용하지 않고 원추세포만 기능한다. 인간이 어두운 장소에서 색을 분간하기 어려운 이유는 어두운 곳에서도 원추세포를 움직이는 포톱신이라는 시각 색소는 줄어들지 않지만, 원추세포의 감도는 낮은 상태에서 감도가 높은 간상세포만 작용하기 때문이다.

그럼 왜 인간에게는 감도가 다른 2가지 시각세포가 있을까? 태양빛이 내리쬐는 지구 상에서는 낮과 밤의 빛의 세기가 1억 배 정도 다르다. 동공의 크기를 변화시켜 망막에 닿는 빛을 조절하지만, 실제로 조절할 수 있는 양은 약 10배밖에 되지 않는다. 그 때문에 망막의 시각세포를 자동으로 바꿔 주위 밝기에 따라 사물을 본다.

어두운 곳에서는 로돕신이 증가하여 간상세포가 작용한다. 로돕신을 만들려면 비타민 A가 필요하다. 비타민 A가 부족하면 밤에 사물이 잘 보이지 않는 야맹증이 생길 수 있다.

인간의 한쪽 눈에는 원추세포가 약 700만 개, 간상세포가 약 1억 3,000만 개나 있다. 전체 시각세포 중 약 95%가 어두운 곳에서 작용하는 간상세포다.

포유류의 특징 중 하나는 간상세포가 무척 많다는 것이다. 공룡이 번성하던 시절에는 포유류가 야행성이었기 때문에 어두운 곳에서도 잘 볼 수 있는 시각세포가 많이 필요했을 것이다. 낮에 활동하는 조류 대부분의 눈에는 간상세포보다 원추세포가 많다.

인간의 눈에는 간상세포가 압도적으로 많지만, 현대에는 밤에도 인공조명이 환하기 때문에 간상세포를 이용하여 사물을 보는 시간이 줄었다. 주행성인 도마뱀의 망막에는 원추세포만 있다. 아마도 간상세포가 퇴화했기 때문인 듯하다. 인간의 간상세포도 결국은 퇴화히지 않을까?

밤에도 대낮처럼 환한 현대에는 간상세포가 없어도 될 것 같지만, 만약 사람의 눈에 원추세포만 있었다면 밤하늘의 별을 거의 볼 수 없었을 것이다. 게다가 천체의 움직임이 유발하는 만유인력이나 우주의 형성에 대한 이해도 늦어졌을 것이다.

햇빛이 생활 리듬을 만든다

낮과 밤의 차이가 적은 현대

1879년에 토머스 에디슨이 발명한 백열전구는 여러 차례 개량되면서 더 밝고 오래 빛을 내뿜었다. 기름 램프 대신 백열전구가 가정과 사무실에 보급된 덕분에 밤에도 독서나 바느질처럼 세심한 작업을 할 수 있게 되었다.

나아가 19세기까지는 대다수 사람이 농업 등 일차산업에 종사했기 때문에 낮에는 야외에서 일했지만, 지금은 사람들의 90% 이상이 사무실, 공장, 상점 등 실내에서 일한다.

낮 동안 실외 밝기는 화창한 날에는 수만 lx(럭스), 흐린 날에도 1만lx 전후지만, 실내 밝기는 온종일 200~700lx로 야외의 100분의 1 정도다.

이처럼 인간은 강한 빛을 쬐는 시간이 옛날보다 줄어들었다. 기름 램프나 촛불의 밝기는 1lx 정도에 불과해서 밤에 사용해도 어두웠다. 이 때문에 과거에는 낮의 빛이 밤보다 1만 배 이상 강했다. 하지만 인공조명으로 밤을 밝히고 낮에도 대부분 실내에서 생활하는 현대에는 그 차이가 몇 배 정도다.

이처럼 변화한 빛 환경은 우리 신체에 어떤 영향을 미칠까?

빛 환경이 인체에 미치는 영향

인간의 몸은 낮에 햇볕을 쬐는 환경에서 진화해왔다. 뇌에서 분비되는 멜라토닌이라는 수면 호르몬의 원료는 햇볕을 쬐면 생성되는 세로토닌이라는 각성 호르몬이다. 멜라토닌은 수면을 촉진할 뿐만 아니라 당뇨병을 예방하는 효과가 있다고 한다. 각성 호르몬인 세로토닌이 생성되려면 2,000~3,000lx 이상의 밝은 빛이 필요한데 실내 조명으로는 어림도 없다.

낮에 햇볕을 쬐면 인내심이 강해지고 스트레스에 대한 저항력이 높아진다고 한다. 실제로 스웨덴에서 실시한 조사에 따르면 햇볕을 많이 쬐는 사람들이 그렇지 않은 사람들에 비해 수명이 길었다.

또한 야간에 지나치게 많은 빛을 쬐면 뇌에 부정적인 영향을 미친다고 한다. 간접조명의 부드러운 빛은 휴식에 도움이 되지만, 너무 강한 빛은 뇌를 자극하기 때문이다.

읽고 쓰기 같은 섬세한 작업을 할 때 외에는 방 안의 불빛을 조

금 어둡게 하는 편이 좋다. 잠들기 30분 전부터 방을 따스한 색감의
조명으로 바꾸면 수면을 촉진하는 멜라토닌이 분비되어 절로 잠이
쏟아진다. 따스한 색감의 조명이 멜라토닌 분비를 촉진하는 이유는
망막에 시각세포와는 별개로 멜라토닌 분비에 관여하는 세포가 있기
때문이다. 이 세포는 파장이 짧은 파란빛의 영향을 강하게 받으면 멜
라토닌 분비를 줄인다. 흔히 자기 전에 스마트폰을 사용하면 수면에
방해가 된다고 하는데 그 원인은 파장이 짧은 블루 라이트 때문이다.

즉, 야간 조명은 파란빛을 최소화한 따스한 색감이 적합하다.
수면의 질을 높이는 비결은 생활 속 빛 환경을 정돈하는 것이다.

햇빛이 체내시계를 정돈한다

태곳적부터 태양의 밝기에 맞춰 생활해온 인류의 몸에는 하루
주기 리듬(circadian rhythm)이라는 체내시계가 있다. 이 시계에 따라
체온, 혈압, 각성도, 호르몬 분비량 등이 변화한다.

대다수 사람은 매일 학교나 직장에서 비슷한 리듬에 맞춰 생활
한다. 몸도 하루 24시간 주기에 맞춰져 있다. 그런데 시각을 알 수 없
는 격리된 방 안에서 생활하면 24시간보다 조금 더 긴 주기로 수면을
취한다고 한다.

따라서 매일 같은 시각에 깨려면 체내시계를 조금씩 앞당겨야

한다. 체내시계를 조절하려면 아침에 햇볕을 쬐는 것이 가장 효과적이다. 아침에 일어나자마자 햇볕을 쬐면, 밤에 수면을 촉진하는 멜라토닌이 많이 분비되어 푹 잘 수 있다.

실제로 24시간 주기가 없는 우주 공간에서 오랜 시간을 보내는 우주비행사의 대다수는 수면 장애로 고통받는다. 지구를 약 90분에 1바퀴 도는 우주왕복선 안의 특수한 환경에서는 90분마다 명암이 반복되기 때문이다. 활동 시간과 수면 시간을 조명 점등과 소등으로 조절하지만, 그렇게 해도 하루 주기 리듬이 깨진다고 한다.

다음 그림은 하루의 시간대와 각성도의 관계를 나타낸 그래프다. 점선은 체내시계가 늦춰진 상황을 보여준다. 잠에서 깬 후 햇볕

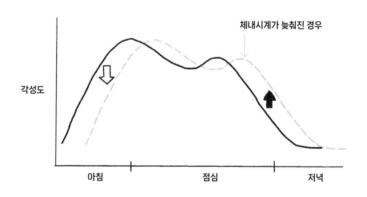

잠에서 깬 후 햇볕을 쬐지 않으면 흰색 화살표가 나타내듯
오전에 각성도가 오르지 않아 일의 능률이 떨어진다.

 체내시계와 각성도의 관계

을 쬐지 않고 아침 식사도 하지 않으면 흰색 화살표가 나타내듯 오전에 좀처럼 각성도가 오르지 않아 일의 능률이 떨어진다.

또한 밤에 강한 빛을 쬐거나 늦게 식사하면 체내시계가 늦춰진다. 특히 자기 전에 스마트폰의 블루 라이트를 보면 멜라토닌 분비가 억제되기 때문에 검은색 화살표가 나타내듯 각성도가 낮아지지 않아 잠들기 어렵다. 그래서 다음 날 아침에 깨기가 힘들다.

체내시계를 정돈하려면 낮에 햇볕을 쬐는 것이 좋지만, 하루의 대부분을 사무실에서 보내는 사람에게는 아무래도 어려운 일이다. 그래서 LED 조명을 사용해 인공적으로 하루 주기 리듬을 만드는 방법을 추천한다.

LED 조명은 리모컨 조작만으로 밝기와 색깔을 바꿀 수 있다. 이 점을 이용해 낮에는 밝은 하얀빛을, 밤에는 어두운 노란빛을 쬐는 방법으로 실내에서 빛 환경을 바꾸며 지내는 것이 좋다.

나팔꽃의 개화와 하루 주기 리듬

대부분의 생물에는 하루 주기 리듬이 있지만 주기는 조금씩 다르다. 예를 들어 생쥐는 하루 주기가 약 23시간인 데 반해, 래트는 24시간보다 길다. 여름에는 하루 내내 밝고 겨울에는 하루 내내 어두운 북극권에 사는 순록은 체내시계가 없다고 한다.

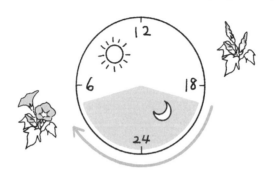

날이 저물고 10시간 후에 개화하기 때문에 7월에는 아침에 꽃을 피운다.

7월의 나팔꽃 개화

빛의 주기는 나팔꽃의 개화와도 밀접하다. 나팔꽃은 밤이 9시간 보다 길어지면 피어나는 단일식물(短日植物)이다. 어두워진 후 경과한 시간에 따라 개화가 좌우된다. 예를 들어 밤 길이가 9시간 이상이더라도 밤중에 잠깐이라도 빛을 쬐면 꽃이 피지 않는다. 나팔꽃은 날이 저물고 나서 10시간 후 개화하기 때문에, 일몰이 늦은 7월에는 아침에 꽃을 피운다. 잎 속의 피토크로뮴이라는 단백질 색소가 어둠을 감지하는 센서 역할을 한다고 한다. 사람과 마찬가지로 체내시계를 이용하는 나팔꽃도 아침 일찍 활동하는 곤충이 꽃가루를 운반할 수 있도록 제시간에 꽃을 피운다.

이처럼 지구 상에 서식하는 대다수 동식물은 태양 주기에 큰 영향을 받으며 살아간다.

빛의 색과 세기가 체감온도를 바꾼다

더운색은 따뜻하다? 찬색은 차갑다?

빨강이나 노랑을 '더운색', 파랑을 '찬색'이라고 부르듯 사람은 색에서도 따스함과 차가움을 느낀다. 실제로 여름에 방의 커튼 색을 노랑에서 하늘색으로 바꾸기만 해도 시원하다고 느낀다고 한다. 또한 조명 색깔에 따라서도 온랭 감각이 달라져 체감온도를 다르게 느낀다.

가나가와공과대학교 미스 다카유키 씨 연구팀이 빛의 색이 얼굴 표면의 온도를 어떻게 바꾸는지를 조사한 결과에 따르면 빨간빛을 쬔 4명의 피실험자 모두 얼굴 온도가 파란빛을 쬐었을 때보다 1도 높아졌다.

색감이 강한 조명을 사용하긴 했지만, 이 실험으로 빛의 색에 따라 체온이 변화한다는 사실이 밝혀졌다.

따라서 체감온도를 조절하려면 계절마다 빛의 색을 바꾸는 것도 효과적이다. 도호쿠전력의 이시카와 야스오 씨는 노란빛이 강한 전구색과 흰색이 강한 주광색을 비교하여 가장 쾌적한 실내 온도를 조사하는 실험을 했다. 결과에 따르면 전구색에 비해 주광색이 체감 온도를 약 1도 낮추었다.

여름철에 주광색 전등을 사용하면 냉방 설정 온도를 높일 수 있고, 겨울철에 전구색 전등을 사용하면 난방 설정 온도를 낮출 수 있으므로, 전등 색을 바꾸는 것만으로 소비 에너지를 줄일 수 있는 셈이다.

1도 차이가 작다고 생각할 수도 있지만, 전 세계의 에너지 소비량을 생각하면 엄청난 전력을 절약할 수 있다. 수많은 사람이 이용하는 사무실이나 백화점의 조명 색깔을 계절마다 바꿔보는 건 어떨까?

낮에 강한 빛을 쐬면 밤에 따뜻하다?

빛의 색뿐만 아니라 세기도 온랭 감각에 영향을 미친다. 나라여자대학교 도쿠라 히로미 씨 연구팀은 빛의 세기가 체감온도에 미치는 영향을 조사하기 위해 다음과 같은 실험을 했다. 우선 실내 온도 27도를 유지하는 방에 고조도(4,000lx)와 저조도(10lx)의 각기 다른 광원을 준비하고 10시부터 19시 30분까지 피실험자들이 머물도록 했다. 그리고 19시 30분에 실내 온도를 단숨에 30도까지 높여 속옷만 착용하게 한 후 15도까지 시시히 낮추고, 추우면 지유롭게 옷을 입도록 하여 옷을 껴입는 경향이 어떻게 바뀌었는지 알아보았다.

그러자 4,000lx의 고조도에 머문 경우보다 10lx의 저조도에 머문 경우 7명 중 6명이 더 많은 옷을 입었다고 한다.

즉, 낮에 저조도에 머물면 밤에 추위를 느끼기 쉽다. 이 실험 결과는 낮에 밝은 실외에서 지내기보다 실내에서 지내면 밤에 추위를 느끼기 쉽다는 사실을 보여준다.

추위를 느끼기 쉬운 이유는 밤에 멜라토닌이 더 많이 분비되는 현상과 관련 있다. 냉증이 있는 사람은 출퇴근할 때나 점심때 창가에 앉는 등 낮에 햇볕을 많이 쬐는 게 좋다.

어두운 피부색으로 몸을 보온하는 바다이구아나

빛과 색의 관계를 잘 활용하는 동물도 있다. 갈라파고스제도에만 서식하는 바다이구아나가 대표적이다. 몸길이가 1m에 달하는 바다이구아나는 공룡처럼 무서운 생김새에 반해 매우 온순하다. 식사할 때만 물속으로 잠수하여 바위의 해초를 먹는다. 파충류인 데다 변온동물이라는 특성상 체온이 낮아지면 움직임이 둔해져서 적에게 습격당하기 쉽기 때문에 하루의 대부분을 암벽에서 일광욕하며 지낸다.

체온이 높을 때   체온이 낮을 때

체온이 높으면 몸 색깔을 밝게 한다.   체온이 낮으면 어둡게 한다.

체온에 따라 피부색을 바꾸는 이구아나

바다이구아나는 체온에 따라 몸 색깔을 바꾸는 신기한 동물이다. 체온이 높을 때는 몸이 밝은 색이지만, 체온이 떨어지면 어두운 색을 띤다. 어두운 색이 가시광선과 적외선을 잘 흡수하기 때문에 일광욕으로 몸을 따뜻하게 데우는 듯하다.

우리가 여름철에 검은 옷을 입으면 빛을 흡수해서 더워지는 현상과 똑같다. 색을 사용한 온도 조절은 포장도로에서도 흔히 볼 수 있다. 최근 적외선 등을 반사하는 도료로 포장도로의 검은 노면을 밝은 회색으로 바꾸는 방법이 개발되었다고 한다. 바다이구아나와는 반대로 태양광 흡수를 줄여 노면의 온도 상승을 억제하기 위해서다.

빛의 방향이 눈부심을 좌우한다

위에서 비추는 빛은 눈부시지 않다

전등이 발명되기 전에는 모닥불, 촛불, 기름 램프 등이 밤에 전등 역할을 했다. 촛불의 밝기는 100W짜리 백열전구의 약 100분의 1 수준이었기 때문에, 당시 사람들이 눈부시다고 느끼는 것은 주로 햇빛이나 햇빛이 수면 혹은 눈 위에 닿아 반사된 빛 정도뿐이었다. 인간이 일정량의 밝기에 눈부심을 느끼는 이유는 햇빛 같은 강한 빛을 직접 보면 망막의 시각세포가 손상되어 최악의 경우 실명할 위험이 있기 때문이다.

눈이 부신 정도는 빛이 어느 방향에서 들어오느냐에 따라 다르다. 인간은 시선 방향에서 들어오는 빛을 가장 눈부시게 느끼고, 시선에서 벗어날수록 덜 느끼는 경향이 있다. 특히 시선보다 위에서 들어오는 빛은 눈부시다고 느끼지 않는다.

예를 들어 규슈대학교 김원우 씨가 시선에 대해 상향 30도의 빛

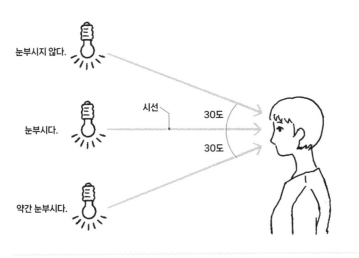

눈부시지 않다.

시선

30도

눈부시다.

30도

약간 눈부시다.

광원의 위치와 밝기의 비교

과 하향 30도의 빛을 비교하여 실험한 결과에 따르면, 피험자들은 위에서 비추는 빛이 밑에서 비추는 빛의 5배 이상 강해야 비슷한 정도의 눈부심을 느꼈다.

위에서 비추는 빛이 그다지 눈부시지 않은 이유는 속눈썹과 눈꺼풀이 빛의 세기를 막아주기 때문인 듯하지만 확실히 밝혀지지는 않았다.

지구에 사는 우리 머리 위로는 언제나 태양빛이 내리쬐고 있다. 위에서 비추는 빛이 눈부시지 않은 이유는 야외 환경에서 활동하기 위해서가 아닐까?

위에서 비추는 빛이 요철을 만든다?

인간은 빛의 방향과 물체 표면의 요철을 바로 판단하는 능력이 있다. (a) 그림을 보자. 양쪽은 볼록하고 가운데는 오목해 보일 것이다. 반대로 (b) 그림에서는 양쪽이 오목하고 가운데가 볼록해 보일 것이다. 하지만 착색한 같은 그림을 180도 회전했을 뿐 실제로 올록볼록하지 않다. 위아래를 뒤집으면 지금까지 볼록해 보이던 원은 오목하고, 오목하게 보이던 원은 볼록할 것이다.

그 이유는 볼록한 원 위에서 빛이 비치면 대부분 (a)의 양쪽 원

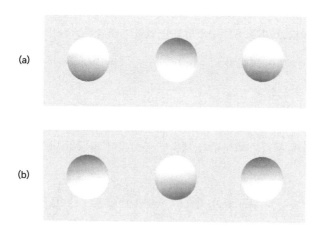

(a) 그림은 '볼록, 오목, 볼록', (b) 그림은 '오목, 볼록, 오목'으로 보이지만,
(a)를 180도 회전하면 (b)와 같은 그림이 된다.

크레이터 착시

처럼 위쪽이 밝고 아래쪽이 어두워지기 때문이다. 반대로 오목한 원 위에서 빛이 비치면 ⓐ의 가운데 원처럼 위쪽이 어둡고 아래쪽이 밝아진다. 다시 말해 사람의 눈은 빛이 위에서 비치고 있다고 전제하고 요철을 판단한다. 항상 우리 머리 위에서 햇빛이 비치기 때문에 이를 기준으로 요철을 판단하는 듯하다.

입체감을 더하는 빛

그림자가 생기는 방향은 요철을 만들 뿐 아니라 사물에 입체감을 더한다.

내 연구실에서 빛의 방향과 사물의 입체감에 관한 실험을 했다. 외부에서 빛이 들어오지 않도록 검게 칠한 상자 안에, 공중에 떠 있는 듯 보이도록 지름 5cm의 흰색 공을 뒤편에서 고정한 다음 위, 아래, 왼쪽 위의 3곳에 빛을 비추고 어느 공이 가장 입체적으로 보이는지를 피험자 9명에게 평가하게 했다.

피험자에 따라 응답이 조금씩 다르긴 했지만, 통계적으로 빛의 방향이 사물의 입체감을 바꿨다. 왼쪽 위에서 흰색 공에 빛을 비췄을 때 가장 입체적이고, 아래에서 비췄을 때 입체감이 가장 적었다.

즉, 그림자가 생기는 방향에 따라 입체감의 정도가 달라졌다.

빛을 위에서 비스듬히 비출 때 가장 입체적인 이유는 사물의 측

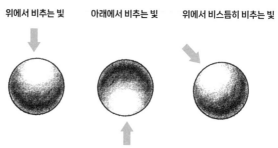

위에서 비추는 빛 　아래에서 비추는 빛 　위에서 비스듬히 비추는 빛

빛을 아래에서 비추면 입체감이 가장 부족하고,
위에서 비스듬히 비추면 가장 입체적으로 보인다.

빛의 방향에 따라 달라지는 입체감

면이 두드러져 보이기 때문이다. 사물을 묘사할 때도 빛이 위에서 비스듬히 비친다고 가정하여 음영을 표현하면 입체감을 더할 수 있다. 바로 밑보다 바로 위에서 비추는 빛이 입체적인 이유는 평소 빛이 사물의 위에서 비치는 모습을 많이 보기 때문일 것이다.

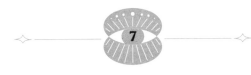

나이가 들면 빛을 다르게 느낀다

가까운 사물이 안 보이는 이유

아기는 성장하면서 여러 가지 능력을 획득하지만, 나이가 들면 체력이나 능력이 점점 약해진다. 나도 자잘한 글씨를 읽기가 힘들어지고 있다. 나이가 들면 눈이 어떻게 변화할까?

나이가 들고 나선 돋보기 없이는 신문을 읽지 못한다는 이야기를 자주 듣는다. 시력은 20세 전후에 가장 좋고, 60세가 넘으면 점점 나빠진다. 대다수 사람은 50세 무렵부터 노안 때문에 가까운 글씨가 잘 보이지 않는다. 나이가 들수록 가까운 사물이 잘 보이지 않는 이유는 수정체가 탄력을 잃고 딱딱해지기 때문이다.

수정체가 탄력을 잃으면 가까운 사물을 볼 때 충분히 두꺼워지지 않아 초점을 맞추기 어렵다. 수정체의 탄력성은 사실 젊은 시절부터 서서히 떨어져 나이를 먹을수록 초점을 맞출 수 있는 거리가 멀어지지만, 젊을 때는 알아차리지 못한다.

즉, 노안을 비로소 깨닫는 나이기 50세 전후일 뿐이다.

파란색을 못 보는 노인

나이가 들면 수정체가 뿌옇게 흐려진다. 이 상태가 더 진행되면 백내장이 생길 수 있다. 수정체가 흐려지면 빛이 수정체에서 산란하여 물체가 흐릿해 보인다. 흐린 유리를 통해 사물을 보면 뿌연 것과 같은 현상이다. 또한 흐려진 수정체에서 빛의 일부가 반사되면 망막에 닿는 빛이 줄어든다.

하지만 모든 파장의 빛이 망막에 닿기 어려운 것은 아니다. 파장이 짧을수록 망막에 닿기 어려우므로 고령이 되면 파란색이 어두워 보인다. 그래서 파란색과 검은색을 잘 식별하지 못한다.

예를 들어 역 시간표에 여러 정차역이 파란색과 검은색으로 표시되어 있으면, 노인들은 분간하기가 매우 힘들다. 고령자가 이용하는 사물에 글씨를 쓸 때는 눈의 변화에 대응하여 색을 주의해서 사용해야 한다.

그렇다면 파장이 짧은 파란빛이 망막에 닿기 어려운 이유는 무엇일까? 석양이 노랗게 보이는 원리와 같다. 태양빛은 대기층을 통과해 지상에 도달하지만, 파장이 긴 빨간빛이나 노란빛보다 파장이 짧은 파란빛은 공기 분자에 의해 산란하여 지상에 도달하기 어렵다.

저녁이 되어 태양 고도가 낮아지면 태양빛이 대기층을 비스듬히 통과하는데, 지상에 도달하기까지 통과해야 하는 대기층이 두꺼워지면서 파란빛이 지상에 닿지 않게 된다. 그로 인해 파장이 긴 빨간빛이나 노란빛의 비율이 증가하여 빛이 흰색에서 노랑이나 빨강으로 변한다. 대기 중에서는 공기 분자가 빛을 산란하지만, 눈 속에서는 수정체의 렌즈 자체가 흐리기 때문에 산란이 일어난다.

백내장을 방치하면 앞이 거의 보이지 않게 되므로, 혼탁한 수정체를 제거하고 인공 렌즈를 삽입하는 수술이 필요하다.

눈이 부신 이유

내가 50살 때쯤, 60살이 넘은 동료 선생님이 "낮에 외출하면 이제 햇빛이 너무 눈부셔요"라고 말씀하신 적이 있다. 아니나 다를까 나도 환갑을 넘기면서 눈부심을 자주 느끼기 시작했다. 실내조명이나 환한 야외 불빛 등이 불편해졌다.

눈부심을 쉽게 느끼는 이유도 수정체에서 빛이 쉽게 산란하기 때문이라고 하는데, 명확한 원인은 아직 밝혀지지 않았다. 고령자는 어두운 빛 아래서는 사물을 보기 힘들고, 밝은 빛 아래서는 쉽게 눈부심을 느낀다는 모순을 겪는다.

즉, 쾌적하다고 느끼는 밝기의 범위가 해마다 줄어든다. 젊은 사람과 노인이 같은 공간에서 글을 읽을 때는 각각 다른 전등을 준비하는 배려가 필요하다.

나이와 상관없이 눈동자 색깔에 따라 빛을 느끼는 정도도 달라진다. 눈 색깔을 결정짓는 것은 각막과 수정체 사이에 있는 동그랗고 얇은 홍채다. 홍채 색깔은 피부나 머리카락과 마찬가지로 멜라닌 색소의 양이 좌우한다.

멜라닌 색소가 많으면 홍채는 갈색을 띠고, 적으면 회색이나 파란색을 띤다. 극적인 예를 들면 흰 토끼의 눈이 빨간색인 이유는 멜라닌 색소가 없고, 투명한 홍채 너머로 눈 안쪽 혈관이 보이기 때문이다.

멜라닌 색소는 유해 자외선으로부터 피부나 눈을 보호한다. 햇빛이 강한 아프리카나 아시아에 사는 사람들은 홍채가 진한 갈색이고, 기후가 온화한 유럽에 사는 사람들은 연한 파란색이나 회색이다. 이 현상은 자외선의 양과 밀접하다. 백열전구가 막 보급되기 시작한 20세기 무렵부터 실내가 눈부시다고 호소하는 유럽인이 많아졌다. 실제로 유럽인은 아시아인보다 눈부심을 더 강하게 느끼는 것 같다. 홍채 색뿐만 아니라 속눈썹 색깔도 영향을 미칠수 있다.

이처럼 태어난 곳의 햇빛 강도에 따라 멜라닌 색소의 양이 결정되고 인종에 따라 홍채의 색이 달라지기 때문에 눈부심을 느끼는 정도도 다르다.

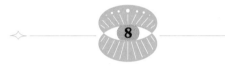

빛은 눈에 나쁘다?

계속 증가하는 근시

전 세계적으로 근시가 급증하여 인류의 3분의 1을 차지하고 있다고 한다. 일본에서는 이 경향이 더욱 심하다. 문부과학성이 정리한 2020년도 조사에 따르면 나안시력이 1.0 미만인 초등학생의 비율이 38%로 역대 최고치를 기록했다. 조사를 시작한 1979년도에 18%였던 점을 고려하면, 40년이라는 단기간에 약 2배나 증가했다. 아이의 신체에서 이만큼 크게 변화한 부분이 또 있을까?

근시와 관계 깊은 것은 각막에서 망막까지의 길이를 뜻하는 '안축장(眼軸長)'이다.

안축장이 너무 길어져 망막에서 초점을 맺을 수 없으면 근시가 될 수 있다. 근시가 진행되면 망막 앞에서 상을 맺기 때문에 물체가 흐릿하게 보인다. 특히 초등학생 때 안축장이 지나치게 길어지면 근시가 더욱 빨리 진행된다.

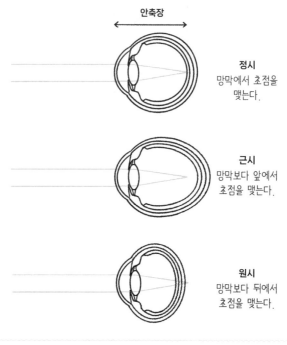

안축장

정시
망막에서 초점을
맺는다.

근시
망막보다 앞에서
초점을 맺는다.

원시
망막보다 뒤에서
초점을 맺는다.

근시, 원시와 안축장의 관계

성장기에 스마트폰, 게임기, 책 등을 오랫동안 지속해서 보면 안축장이 길어진다. 안축장이 길어지면 수정체가 얇아져 멀리 보려 해도 초점을 맞추기 힘들다.

스마트폰이나 게임기 등을 오래 사용하면 근시를 초래하므로 자주 휴식을 취해서 눈을 편하게 하는 것이 좋다.

보랏빛이 근시를 예방한다?

근시를 예방하는 데는 햇빛이 좋다고 알려져 있다. 게이오대학교 도리이 히데마사 씨 연구팀이 햇빛과 근시 예방의 관계를 연구한 결과에 따르면 햇빛의 보랏빛이 근시를 예방하는 효과가 있다.

보랏빛은 파장이 360~400nm인 가시광선과 자외선의 경계에 있다. 콘택트렌즈로 시력을 교정하고 있는 어린이의 자료를 분석한 결과에 따르면, 보랏빛을 통과시키는 렌즈를 낀 어린이의 안축장은 1년 동안 평균 0.14mm 길어졌지만, 보랏빛의 일부를 차단하는 콘택트렌즈를 낀 어린이의 안축장은 1년 동안 평균 0.19mm나 길어졌다.

다시 말하면 보랏빛은 근시 진행을 억제하는 효과가 있다. 더불어 도리이 씨 연구팀이 보랏빛에 노출시킨 병아리의 눈을 조사해보니, 근시 진행을 억제하는 유전자가 활성화했다. 보랏빛이 근시 진행을 억제하는 유전자와 관계 있는 듯하다.

내가 초등학생 때는 학교가 끝나면 해가 질 때까지 시간 가는 줄 모르고 밖에서 놀았기 때문에 자연스럽게 햇빛을 많이 쬐었다. 요즘 초등학생은 밖에서 노는 시간이 평균 40분 정도에 지나지 않는다고 한다. 심지어 초등학생의 약 30%는 밖에서 체육 활동을 거의 하지 않기 때문에 햇빛의 보랏빛을 쬘 기회가 예전보다 훨씬 적다.

보랏빛은 실내조명에 사용되는 LED나 형광등에는 거의 없다. 아이의 눈을 근시로부터 지키기 위해서라도 스마트폰이나 게임기 등을 보는 시간을 줄이고 밖에서 노는 시간을 늘리는 게 좋지 않을까?

파란빛은 눈에 나쁘다?

요즘은 컴퓨터 모니터나 스마트폰 액정 화면의 블루 라이트를 차단하는 안경과 필름들이 판매되고 있다. 블루 라이트는 보랏빛보다 파장이 길고 가시광선 중에서는 파장이 짧은 파란색이다. 블루 라이트의 파장은 400~500nm 정도다. 빛은 파장이 짧을수록 에너지가 강하다. 그래서 일부 사람들 사이에서는 블루 라이트가 망막을 손상시킨다거나 피로하게 한다는 염려가 커지고 있다.

블루 라이트가 눈에 나쁘다는 이야기는 과학적으로 증명되지 않았다. 블루 라이트는 햇빛에도 포함되어 있다. 화창한 날 야외의 블루 라이트는 모니터나 스마트폰의 약 100배나 강하다. 빛이 강한 야외에서는 동공 지름이 작아진다는 사실을 고려해도, 망막에 닿는 블루 라이트는 모니터나 스마트폰의 수십 배에 이른다.

매일 야외에서 일하는 사람의 망막이 손상되었다는 사례가 보고되지 않은 점으로 미루어 모니터나 스마트폰의 블루 라이트 자체가 눈에 악영향을 미친다고 보기는 어렵다. 단, 앞서 말했듯이 컴퓨터 모니터와 스마트폰은 어린이의 근시에 영향을 미치므로 지나친 사용은 자제하는 편이 좋다. 블루 라이트가 눈에 나쁘다는 과학적 근거는 없지만, 안전하다고 장담할 수는 없으므로 앞으로 관련 연구가 많이 진행되기를 기대한다.

더불어 흥미로운 연구를 소개한다. 사람의 집중력이 어떤 빛에서 높아지는지를 조사한 결과다. 파나소닉의 오바야시 후미야키 씨 연구팀이 책상 스탠드 불빛이 흰색(5,000K)인 경우와 파란빛이 약간 섞인 흰색(6,200K)인 경우의 집중도를 비교했다. 여기 사용된 K(켈빈)이라는 단위는 색온도를 나타내며, 수치가 높을수록 짧은 파장이 많다. 실험 결과를 보면 짧은 파장을 많이 포함한 6,200K의 빛이 집중도를 높였다.

즉, 블루 라이트를 많이 함유한 청백색 빛이 집중력을 높였다. 하지만 스마트폰을 자꾸만 들여다보고 화면에 오래 집중하면 눈이 피곤해진다는 사실은 부정할 수 없다.

활활 타는 불꽃이나 백열전구는 노란빛이기 때문에 블루 라이트가 거의 없다. LED 조명이나 형광등의 하얀빛에는 블루 라이트가 비교적 많다. 또한 텔레비전, 컴퓨터 모니터, 스마트폰의 백라이트에는 LED 등의 하얀빛이 사용된다. 블루 라이트가 수면 호르몬인 멜라토닌의 분비를 억제한다는 사실도 밝혀졌다.

그 때문에 멜라토닌 분비가 증가하는 밤에 스마트폰 화면처럼 블루 라이트가 많은 빛을 오래 보면 멜라토닌 분비가 억제되어 체내시계가 깨진다. 밤에 스마트폰이나 텔레비전을 볼 때는 블루 라이트 차단 안경을 쓰길 권한다. 일반적으로 많은 사람이 낮에 컴퓨

터 작업을 할 때 많이 사용하지만, 실제로는 야간에 사용하는 것이
좋다.

색에 따라 달라지는 미각

식욕을 돋우는 색

    길을 가다 맛있는 빵 가게를 발견했다고 치자. 원래는 살 생각이 없었지만 고소한 빵 냄새를 맡고 그만 사버린 경험이 대부분 있을 것이다.

    시각과 미각의 상승효과가 구매 욕구를 자극했기 때문이다. 오감은 영향을 주고받는다.

    찰스 스펜스의 저서 《왜 맛있을까》에는 색에 대한 실험이 소개되어 있다. 이 실험에 따르면, 핑크빛이 도는 붉은색 음료를 마신 사람은 당분을 10% 늘린 초록색 음료와 비슷한 단맛을 느낀다고 한다. 당분의 양이 같더라도 붉은색 음료를 초록색 음료보다 달게 느낀다는 의미다.

    일반적으로 초록색 과일이 익으면 노란색이나 붉은색을 띠며 더 달콤해진다. 그래서 우리는 초록색 과일은 시고 붉은색 과일은 달콤하다고 인식한다. 색깔이 미각에도 영향을 미치는 것이다.

그렇다면 사람은 어떤 색에 식욕을 느낄까?

히로시마조가쿠인대학교 오쿠다 히로에 씨 연구팀은 20대 남녀에게 색상 견본을 보여주고 식욕이 증가하는 색과 사라지는 색에 대하여 응답하게 했다. 식욕이 증가하는 음식의 색은 노랑, 주황, 빨강이고, 식욕이 사라지는 음식의 색은 검정, 갈색, 보라, 파랑 등이었다. 남녀 모두 비슷하게 응답했다.

식욕을 돋우는 음식의 색은 잘 익은 과일의 색과 일치했고, 색이 선명할수록 높은 평가를 받았다. 식욕을 떨어뜨리는 색은 검정이나 갈색처럼 상한 음식을 떠올리게 하거나 보라나 파랑처럼 음식에서는 찾아보기 힘든 색이었다.

예로부터 식품에 사용된 천연색소는 매실장아찌나 가지절임에 붉은색을 더하는 차조기나 밤과자에 노란색을 더하는 치자 등이 대표적이었다. 그래서 가공식품에도 붉은색이나 노란색을 많이 사용하는 듯하다.

색이 맛을 좌우하는 예는 그 밖에도 많다. 프랑스 보르도대학교 와인양조학과에 다니는 남녀 학생(일대일 비율) 54명을 대상으로 와인 색깔과 향의 관계를 조사한 실험이 좋은 예다.

백포도주에 빨간 착색료를 섞어 적포도주와 구분하지 못하게 하고 피험자에게 향을 평가하게 하자, 대다수가 적포도주를 마셨을 때와 같이 표현(스파이스, 블랙 커런트, 라즈베리, 후추 같은 향)했다.

즉, 그저 백포도주를 붉게 착색했을 뿐인데 진짜 적포도주 향기를 느꼈다.

이처럼 각각의 감각기관에서 얻은 정보는 다른 감각기관에서 획득한 정보의 영향을 크게 받는다.

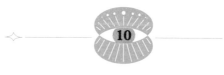

눈을 감으면 낯설어지는 세계

시각 정보가 사라진다면?

시각 정보가 사라진다면 우리의 느낌은 어떻게 달라질까?

도호쿠문화학원대학교 혼다 후쿠요 씨는 성인 23명이 각각 눈을 감고 있는 상황과 뜨고 있는 상황에서 무게가 같은 물건을 들면 어떻게 다르게 느끼는지를 조사했다.

이 실험에서는 색, 형태, 크기, 소재는 같고 250g마다 무게만 바꾼 1~4kg짜리 추 13개를 사용했다. 그 결과, 무게가 같아도 눈을 감고 있을 때 좀 더 무겁다고 느끼는 사람이 많았다. 시각을 차단하면 무게에 대한 감각이 더 예민해지기 때문일 것이다.

이처럼 눈을 감으면 그동안 의식하지 못한 시계 소리가 들린다거나, 의자 등받이의 딱딱함을 느낀다. 시각 정보가 차단된 만큼 다른 감각기관이 예민해지기 때문이다.

다른 감각이 예민해진다

눈이 잘 보이는 사람은 걸을 때 지면을 눈으로 확인하면서 다리를 움직인다. 이때 다리는 몸을 앞으로 이동시키는 운동기관이 된다. 눈이 잘 보이지 않는 사람은 시각 정보가 없기 때문에 다리가 운동기관뿐 아니라 감각기관 역할도 담당한다.

눈이 잘 보이더라도 발밑의 작은 단차를 미처 깨닫지 못하고 넘어지는 경우가 있다. 도쿄공업대학교 이토 아사 씨의 연구에 따르면, 눈이 잘 보이지 않는 사람은 발바닥으로 지면의 상황을 살피며 중심을 이동하듯이 감각에 집중하기 때문에 잘 넘어지지 않는다고 한다.

또한 이토 아사 씨는 저서 《눈이 보이지 않는 사람은 세상을 어떻게 보는가》에서 아무것도 안 보이는 전맹 소년이 '쯧쯧' 혀를 차고 그 반향음이 돌아올 때까지의 시간 차이로 공간을 파악하고 스케이트보드와 농구를 즐기는 이야기를 소개했다.

특수한 예라고 생각할 수 있지만, 청각이 민감해지면 충분히 가능한 일이다. 박쥐가 어둠 속에서도 스스로 내는 초음파의 반향음을 감지해 날아다니는 것과 같은 원리다.

생물의 진화에도 한 감각기관이 다른 감각을 보완하듯 발달하는 사례가 많다. 깊은 동굴 속은 빛이 닿지 않아 깜깜하므로 눈이 있어도 도움이 되지 않는다. 멕시코 북동부 동굴에서 발견된 블라인드 케이브피시(학명 *Astyanax jordani*)라는 물고기는 눈이 퇴화했지만, 몸

측면의 측선 기관으로 물의 흐름이나 수압을 느끼기 때문에 장애물에 부딪히지 않고 자유롭게 헤엄칠 수 있다.

외부 정보의 80% 이상을 시각에서 얻는 인간도 마찬가지다. 시각 정보가 차단되면 이를 보완하기 위해 다른 감각기관들이 예민해진다.

눈이 진화해온 역사는 기적의 연속입니다. 초기에는 빛의 명암을 느끼는 단순한 기관이었지만, 캄브리아기에 접어들고 바다의 얕은 서식지인 대륙붕에 포식자가 출현하자 사물의 형태를 구분할 수 있는 겹눈을 가진 동물이 등장했습니다. 40억 년에 이르는 생명의 역사를 고려하면, 겨우 50만 년이란 짧은 시간에 사물의 형태를 알아볼 수 있는 정교한 눈으로 진화했다는 사실이 놀라울 따름입니다.

진화 과정에서 헤아릴 수 없이 다양한 눈이 생겨났습니다. 50m 상공에서 3mm 정도의 먹잇감을 인식하는 독수리의 눈, 동물의 몸에서 나오는 적외선을 암흑 속에서도 감지하는 뱀의 눈, 가로등의 자외선을 느끼는 나방의 눈 등등입니다. 그들의 눈으로 세상을 보면 과연 어떤 풍경이 펼쳐질까요?

동물과 마찬가지로 인간의 눈도 복잡한 진화를 거듭해왔습니다. 산업혁명 이후 우리의 생활양식과 환경은 급속도로 변했습니다. 그러니 우리 눈의 진화가 그 속도를 따라가지 못할 수밖에요. 예를 들어 자동차나 철도 등의 탈것이 발명되어 신체 능력 이상으로 빠르게 이동하게 되었으나, 눈만큼은 차창 밖의 풍경을 또렷이 포착할 정도로 진화하지 못했습니다.

우리를 둘러싼 빛 환경도 급변했습니다. 낮에는 주로 실내에서 보내는 탓에 햇빛을 쬐는 시간이 줄었고, 밤에는 조명이 밝은 곳에서 보내는 시간이 늘었지요. 그로 인해 체내시계가 오작동하며 수면 장애를 불러왔습니다. 앞으로는 사람의 눈도 변화한 생활환경에 맞춰 조금씩 바뀔지도 모르겠습니다.

이 책에서는 사람과 동물의 눈을 비교하고 빛이 신체에 미치는 영향 등을 이야기했습니다. 실생활에서 바로 사용하지는 못할 수도 있지만, 여러분이 이 책을 통해 새로운 시각으로 세상을 바라보고 조금이라도 풍요롭게 살 수 있기를 바랍니다.

끝으로, 이 책의 기획에 관심과 조언을 아끼지 않고 꼼꼼히 편집해주신 라이초샤 히라노 사리아 씨, 문장을 매끄럽게 다듬어주신 야하기 지하루 씨, 친근한 일러스트와 디자인을 해주신 야스가 유코 씨, 원고 내용을 확인해주신 다카하시 히로시 씨, 출판사와 다리를 놓아주신 이다 미카 씨에게 깊이 감사드립니다. 아울러 이 책을 읽어주신 여러분께도 감사를 전합니다.

· スティーヴ・パーカー,《動物が見ている世界と進化(大英自然史博物館シリーズ4)》, エクスナレッジ(2018).

· 水波誠,《明暗視の神經機構—昆虫單眼系の研究から—》, 日本比較生理生化學會(1994).

· 田中源吾,《節足動物の眼の機能形態學》, 群馬県立自然史博物館研究報告(2013).

· 山下茂樹,《クモ類の視覺行動》, 日本比較生理生化學會(1995).

· 村上元彦,《どうしてものが見えるのか》, 岩波書店(1995).

· 池田光男, 他,《目の老いを考える》, 平凡社(1995).

· 井尻憲一,《重力の感受機構—そのやさしい解説》, 日本宇宙生物科學會(2002).

· 今泉忠明,《おもしろい！ 進化のふしぎ ざんねんないきもの事典》, 高橋書店(2016).

· 渡邊茂,《空間認知の生理機構：哺乳類以外の場合》, 日本生理心理學會(2003).

· 松尾亮太,《ナメクジの腦が持つしたたかさ —再生能力, 頑健性, そして柔軟性—》, 日本比較生理生化學會(2011).

· 川島菫, 池田讓,《タコにおける視覺・觸覺にもとづく行動：タコは世界をクロスモーダルに知覺しているか？》, 日本動物心理學會(2019).

· 牧岡俊樹,《白い眼》, つくば生物ジャーナル (2004).

· 柏野牧夫,《「なぜ耳は二つあるか？」小特集にあたって》, 日本音響學會(2002).

· 中野珠實,《瞬きによって明らかになったデフォルト・モード・ネットワークの新たな役割》, 日本生理心理學會(2013).

· 石田裕幸,《昆虫の嗅覺・味覺受容に與る感覺子の機能と水の關係》, 日本蚕糸學會(2012).

· 杉田昭榮, 他,《鳥類の視覺受容機構》, バイオメカニズム學會(2007).

· 江口英輔,《複眼の視覺情報》, 日本畫像學會 (1992).

· 松嶋隆二,《視覺・運動と認知》, 電氣學會(1996).

· 塩田寬之, 他,《閃光の持續時間が誘目性に及ぼす影響》, 照明學會東京支部大會(2012).

· 加戸隆介,《フジツボ—不思議な体の造りとその理由—》, 海洋研ニュース (2018).

· 松村清隆,《フジツボ群居への幼生視覺の關與―基板表面の色を制御することで付着を
　　　抑制することは可能か?》, 日本マリンエンジニアリング學會(2014).

· 梅谷獻二,《昆虫の模倣―保護色と擬態》, 日本機械學會(1989).

· 平賀壯太,《アゲハチョウ類の蛹の色彩決定機構》, 昆虫DNA研究會ニュースレター
　　　(2006).

· 安藤清一, 羽田野六男,《秋サケ筋肉の劣化と婚姻色の發現》, 日本農藝化學會(1986).

· 今井長兵衛,《擬態のいろいろ》, 大阪生活衛生協會(1988).

· 岩科司,《花はふしぎ―なぜ自然界に青いバラは存在しないのか?》, 講談社(2008).

· 松原始,《カラスの補習授業》, 雷鳥社(2015).

· 齋藤惠, 他,《木簡畫像から墨の部分を抽出するための畫像處理手法》, 電子情報通信學
　　　會(2004).

· 中川正人,《赤外線デジタルカメラによる木簡調査法》, 滋賀文化財保護協會(2010).

· 《光を利用した害虫防除のための手引き》, 農業・食品産業技術總合研究機構中央農業
　　　總合研究センター(2014).

· 弘中滿太郎, 針山孝彦,《昆虫が光に集まる多樣なメカニズム》, 日本應用動物昆虫學會
　　　(2014).

· 原田哲夫,《アメンボ科昆虫における走光性の季節的變化》, 日本比較生理生化學會
　　　(1996).

· 清水勇, 道之前允直,《カイコの走光性行動に關する研究Ⅱ―熟蚕期の走行パターンの
　　　變化―》, 日本生物環境工學會(1981).

· 大場裕一,《ホタルの光は, なぞだらけ光る生き物をめぐる身近な大冒險》, くもん出版
　　　(2013).

· 大場由美子,《八丈島の光るきのこ》, 千葉県立中央博物館千葉菌類談話會講演會(2018).

· 田村保, 丹羽宏,《深海の魚―眼とウキブクロとスクワレン》, 日本農藝化學會(1986).

· NHKスペシャル「ディープオーシャン」制作班(監修),《深海生物の世界》, 寶島社
　　　(2017).

· ナショナルジオグラフィック ニュース,《超深海に新種の魚, ゾウ1600頭分の水壓に耐
　　　える》(2017).

・三枝幹雄,《電氣魚のレーダ》, 電氣學會(2001).

・川崎雅司,《弱電氣魚の比較生理學—電氣的行動の運動制御》, 日本比較生理生化學會 (2000).

・日經サイエンス編集部,《魚のサイエンス》, 日本經濟新聞出版(2019).

・福田芳生,《新・私の古生物誌(7)—生きている化石カモノハシ(その2)—》, *THE CHEMICAL TIMES*(2010).

・調廣子,《乳幼兒の視力檢査》, 日本視能訓練士協會(2006).

・吉村浩一,《逆さめがねの世界への完全順應》, 日本視覺學會(2008).

・中西進,《萬葉集》, 講談社(1984).

・森阪匡通,《音の世界に生きるイルカ〜彼らは何をかたりあっているか〜》, 日本オーディオ協會(2015).

・赤松友成,《イルカの聲からわかること》, 日本生物物理學會(1998).

・池田光男,《眼はなにをみているか—視覺系の情報處理》, 平凡社(1988).

・一川誠,《錯視からわかる視覺の時間特性》, 應用物理學會分科會日本光學會(2010).

・大山正,《反應時間研究の歷史と現狀》, 日本人間工學會(1985).

・市川宏, 南常男,《まぶしさの快不快限界線(ＢＣＤ)に關する研究》, 照明學會(1965).

・平松千尋,《靈長類における色覺の適應的意義を探る》, 日本靈長類學會(2010).

・マーク・チャンギージー,《人の目, 驚異の進化 4つの凄い視覺能力があるわけ》, インターシフト(2012).

・齋藤勝裕,《光と色彩の科學》, 講談社(2010).

・三友秀之, 他,《生物のナノ構造が紡ぐ多彩な色彩を模倣したバイオミメテック材料》, 表面技術協會(2013).

・赤井弘,《野蚕シルクの魅力—その多孔性と多樣性—》, 纖維學會(2007).

・加賀田尙義,《水性ホワイトインクの開發》, 日本畵像學會(2010).

・上原静香,《透明感のある美しい肌って？》, 照明學會(2002).

・河村正二,《眼の起源と脊椎動物の色覺進化》, 日本視能訓練士協會(2017).

・吉澤透,《色覺に關與する視物質の生物物理—構造・機能・進化》, 日本生物物理學會 (1996).

・大川匡子,《現代の生活習慣と睡眠障害：時間生物學の觀点から》,日本心身醫學會
　　(2003).

・栃内新,《新しい高校生物の教科書 現代人のための高校理科》,講談社(2006).

・三島和夫,《宇宙環境における睡眠・生体リズム調節》,日本神經學會(2012).

・吉中保, 他,《遮熱性鋪裝の高性能化に關する研究》,第25回日本道路會議論文(2004).

・石川泰夫,《光色と快適居住環境—光色による冷暖房省エネ效果について—》,照明學
　　會(1993).

・三栖貴行, 他,《ＬＥＤ照明の光色變化による心理的影響と体感温度の變化》,日本色彩
　　學會(2018).

・登倉尋實,《からだと生活環境—特に衣服と光との關連》,日本纖維機械學會(1997).

・清水海壽,《陰影知覺が光源位置による立体感に及ぼす影響》,芝浦工業大學卒業論文
　　(2018).

・鳥居秀成,《バイオレットライトは近視進行予防になりうるのか？》,日本白内障學會
　　(2019).

・大林史明, 他,《知的作業における集中度評價指標と集中度向上照明》,パナソニックコ
　　ーポレートＲ＆Ｄ戰略室(2018).

・チャールズ・スペンス,《「おいしさの」の錯覺最新科學でわかった,美味の眞實》,
　　KADOKAWA(2018).

・奥田弘枝, 他,《食品の色彩と味覺の關係—日本の20歳代の場合—》,日本調理科學會
　　(2002).

・平木いくみ,《店鋪と商品に與える香りの影響》,明治學院大學經濟學會(2008).

・本多ふく代,《重さの主觀的感覺の個人差に關する檢討》,日本人間工學會 (2006).

・伊藤亞紗,《目の見えない人は世界をどう見ているのか》,光文社(2015).

・阿見彌典子,《ブラインドケーブカラシン》,比較内分泌學(2019).

・二橋亮, 他, "Molecular basis of wax-based color change and UV reflection in dragonflies",
　　eLife(2019).

・Benjamin A. Palmer, "The image-forming mirror in the eye of the scallop", *Science*(2017).

・Vladimiros Thoma, et al, "Functional dissociation in sweet taste receptor neurons between and within taste organs of Drosophila", *Nature Communications*(2016).

· Caro T, et al., "Benefits of zebra stripes: Behaviour of tabanid flies around zebras and horses", *PLoS ONE*(2019).

· Thoen, H. H., et al., "A different form of color vision in mantis shrimp", *Science*(2014).

· Tsuyoshi Shimmura, et al, "Dynamic plasticity in phototransduction regulates seasonal changes in color perception", *Nature Communications*(2017).

· Keiichi Kojima, et al., "Adaptation of cone pigments found in green rods for scotopic vision through a single amino acid mutation", *Proceedings of the National Academy of Science of USA*(2017).

· Melin, A.D., et al., "Effects of colour vision phenotype on insect capture by a free-ranging population of white-faced capuchins (Cebus capucinus)", *Animal Behaviour*(2007).

· Morrot, G., et al., "The color of odors", *Brain and Language*(2001).

태양빛을 먹고 사는 지구에서 살아남으려고 눈을 진화시켰습니다

1판 1쇄 발행 ｜ 2023년 2월 7일
1판 2쇄 발행 ｜ 2023년 10월 4일

지은이 ｜ 이리쿠라 다카시
옮긴이 ｜ 장하나
펴낸이 ｜ 박남주
편집자 ｜ 박지연, 강진홍
펴낸곳 ｜ 플루토
출판등록 ｜ 2014년 9월 11일 제2014-61호
주소 ｜ 10881 경기도 파주시 문발로 119 모퉁이돌 3층 304호
전화 ｜ 070-4234-5134
팩스 ｜ 0303-3441-5134
전자우편 ｜ theplutobooker@gmail.com

ISBN 979-11-88569-42-7 03490